寒地城市住宅交往空间设计及信息化技术应用

赵文玉　著

扫描二维码查看
本书部分彩图

北　京
冶 金 工 业 出 版 社
2023

内 容 简 介

本书共 7 章。首先介绍了本书项目的目的和意义、研究方法、创新点及内容，综述了国内外对住宅交往空间的研究水平和综合评价，分析了不同年龄层次居民的交往心理和交往行为特征，以及寒冷气候对于交往行为的影响。然后，本书具体分析了乌鲁木齐城市红十月花园、日月星光花园和幸福花园三个住宅区交往空间。最后，本书通过具体住宅建筑交往空间设计案例中设计方法的应用，即室内外环境、节能、日照等设计效果，验证了信息化技术在住宅交往空间建筑设计中应用的经济性、合理性、可操作性。

本书可供设计员、建筑师、工程师、材料商人员，以及房地产开发公司、装饰公司参考，也可供大专院校师生学习。

图书在版编目(CIP)数据

寒地城市住宅交往空间设计及信息化技术应用/赵文玉著. —北京：冶金工业出版社，2023.5

ISBN 978-7-5024-9462-9

Ⅰ. ①寒… Ⅱ. ①赵… Ⅲ. ①寒冷地区—住宅—建筑设计 Ⅳ. ①TU241

中国国家版本馆 CIP 数据核字(2023)第 057951 号

寒地城市住宅交往空间设计及信息化技术应用

出版发行 冶金工业出版社 **电　话** (010)64027926
地　址 北京市东城区嵩祝院北巷 39 号 **邮　编** 100009
网　址 www.mip1953.com **电子信箱** service@mip1953.com

责任编辑 王 双 美术编辑 吕欣童 版式设计 郑小利
责任校对 葛新霞 责任印制 窦 唯
北京捷迅佳彩印刷有限公司印刷
2023 年 5 月第 1 版，2023 年 5 月第 1 次印刷
710mm×1000mm 1/16；8 印张；156 千字；118 页
定价 66.00 元

投稿电话 (010)64027932 投稿信箱 tougao@cnmip.com.cn
营销中心电话 (010)64044283
冶金工业出版社天猫旗舰店 yjgycbs.tmall.com
(本书如有印装质量问题，本社营销中心负责退换)

前言

城市住区交往空间是由人与人的交往及社区建筑内外空间环境所构成的。而人的交往是人与空间环境联系的中介。城市住区交往空间又是在居住环境的基础上契合了社会、文化、心理等因素重新建构而成的。交往是城市住区空间中人与环境、人与人相互作用的体现。正是因为融入了人的因素，产生了交往的行为，才有区别于一般的普通空间的特殊意义。所以说人们之间的交往是住区交往空间的主体构成因素。

在寒地城市，尤其到了冬季的时候，寒冷的气温和降雪等恶劣气候让人们对室外环境望而却步，更愿意躲在暖和的住宅里，但是对于住宅使用者来说，特别是老年人和儿童，缺乏室外活动不仅会影响到健康还造成心理的压力，同时缺乏邻里之间的交往更会造成精神上的空虚。国家康居示范工程对住宅提出了“高品质、新生活”的要求，其中“新生活”就包括引导新居住理念、形成新的交往形态等方面的内容。按照这个标准，交往空间就显得非常重要。住区邻里交往是构建和谐社会的重要组成部分，只有通过邻里交往促进邻里关系和谐化，才能提高社区的人文精神和形成良好的道德风尚。因此，研究邻里空间及与其相关的居住形态是城市设计、建筑学和社会学专业面临的共同课题。

本书以信息化技术为平台，以寒地城市住宅交往空间建筑为研究对象，利用信息化技术性能分析的方法，从建筑物理环境模拟入手，探索交往空间的设计。从概念规划阶段到方案设计及深化阶段，对寒地城市的地形、气候条件进行科学的量化分析，制定系统的性能分析工作流，结合建筑设计的信息累计过程，实时性能模拟分析，辅助建筑师在设计过程中定量、定性分析结合应用，便于作出更科学的节能设计决策。通过文献研究、实地调研、归纳总结、应用实践，建立寒地城市常用交往空间设计策略信息，提出信息化技术的性能分析以辅助寒地城市住宅建筑交往空间设计的方法与策略。相较于传统设计方法工作烦琐，周期较长，无法为建筑师带来方便的信息反馈与快速的设计决策，本书重点关注信息化性能分析的系统性方法，便于在早期设计阶段帮助建筑师作出明智的决策，避免后期大量的隐患，大大提高建筑交往空间的使用效率与设计质量。

本书分为7章。第1章为绪论，介绍背景、目的和方法；第2章为交往行为和交往空间的理论研究，总结了交往的心理特点、行为分类以及气候对交往行为的影响；第3章为寒地城市典型居住区交往空间的调研部分，选取了3个典型居住区，对其交往行为作出观察记录并设置了调查问卷；第4章为信息化技术在住宅交往空间设计中性能分析的方法研究，用信息化技术性能分析的方法，从建筑物理环境模拟入手，探索交往空间的设计；第5章为寒地城市住区中有利于交往的空间模式探索，详细讨论一系列对于交往环境的质量要求，有些是一般性的要求，另一些则是与散步、停留、小坐以及观看、倾听和交谈等简单、基本的活动有关的特殊要求；第6章为寒地城市住区中有利于交往的元素设计，对于影响交往行为的设计元素进行设计探讨；第7章为实例研究——信息化技术下的住宅交往空间项目实践，以某居住小区为例，通过相关模拟软件，对住区日照情况进行模拟评估，并针对案例中生活居住类建筑交往空间存在的相关日照问题，结合前几章总结得出的对于住区交往空间日照环境的相关优化策略，提出合理的解决办法。扫描扉页中的二维码可查看本书彩色图片。

本书由2022年中央高校基本科研业务类项目（理工类）（项目名称：全景式信息化技术在住宅建筑设计中的应用；项目号：31920220018）和产学研类校企合作项目（项目名称：基于聚落空间形态分析的规划可行性研究及应用；项目号：XBMU-2020-BC-24）资助，在此致以诚挚的感谢。

由于作者水平有限，书中不足之处，恳请广大读者批评指正。

赵文玉

2022年8月

目　录

1 绪　论

1.1 概　述

1.1.1 居民对交往空间的追求

随着经济水平的迅速发展和居民生活水平的不断提高，对越来越多的人而言，家已经不仅仅是遮风避雨的房子，人们对居住的要求已经从满足简单的有房住、住得宽敞这些基本的生理需求向寻求良好的居住环境和社会环境过渡[1]。现阶段，随着城市居民的生活趋于生活休闲化、人口老龄化和家务社会化，再加上双休日和节假日的增多，居民在住区的闲暇时间增多，居民更加渴望友情，渴望丰富的社会活动，其中邻里之间的交往成为居民必不可少的精神需要。斯堪的纳维亚的古老谚语中“人往人处走”，中国的古话“远亲不如近邻”“千金买宅，万金买邻”等说法都表达了人们对和睦、互助的邻里关系的向往[2]。在斯派克·琼斯导演的电影《Her》中，人类和人工智能相爱的故事也是从另一个侧面反映了人类对亲密关系的需求和对交往的需要。

只要有人存在，无论是在建筑物内、在居住小区、在城市中心，还是在娱乐场所，人及其活动总是吸引着另一些人。人们为另一些人所吸引，就会聚集在他们周围，寻找最靠近的位置。新的活动便在进行中的事件附近萌发了。人们常常会选择住宅前面，那里有更多的东西可看，在家中，我们可以观察到，孩子们宁愿待在大人们的房间中，或者与别的孩子在一起，而不愿留在只有玩具的地方。在居住区和城市空间中也可以观察到成人中类似的行为。如果在散步时有两条街道可供选择，一条空寂荒凉，而另一条充满活力，那么在大多数情况下，人都会选择后者。当人们在公共空间选择座位时，也可以发现类似的倾向。能很好观赏周围活动的座椅就比难于看到别人的座椅使用频率要高。

在以乌鲁木齐为代表的寒地城市，尤其到了冬季的时候，寒冷的气温和降雪等恶劣气候让人们对室外环境望而却步，更愿意躲在暖和的住宅里，但是对于他们来说，特别是老年人，缺乏室外活动会影响到健康并造成心理的压力，同时缺乏邻里之间的交往更会造成精神上的空虚。国家康居示范工程对住宅提了“高品质、新生活”的要求，其中“新生活”就包括引导新居住理念、形成新的交往形态等方面的内容。按照这个标准，交往空间就显得非常重要[3]。居住区邻里交往是构建和谐社会的重要组成部分，只有通过邻里交往促进邻里关系和谐化，才能提高社区的人文精神和形成良好的道德风尚。因此，研究邻里空间及与其相关的居住形态是城市设计、建筑学和社会学专业面临的共同课题。

1.1.2 现代居住区交往空间的缺失

现在很多人的印象里还有儿时家门口热闹的街道，傍晚时分，孩子们在街上奔跑、跳皮筋、跳房子，玩得不亦乐乎，妇女坐在自家门前，一边洗着衣服或者择着菜，一边和其他妇女唠叨家长里短，偶尔抬起头来看一眼一旁玩耍的孩子，老人则选择一片树荫，聚在一起喝茶、下棋，其乐融融，一幅邻里间鸡鸣犬吠相闻、和邻睦友相伴的美好画面，一切都是那么的和谐。然而现在，这些画面都变成了记忆。当我们告别昔日的邻居，搬进宽敞明亮的新居时，享受着现代科技带给我们生活方式的改变，却面临着精神层面上的缺失，没有地方可以让人们聊天谈话，孩子们也失去了追逐嬉闹的场所，老人想要下棋打牌只能选择很远的活动室或者棋牌室，曾经的温馨和谐的浓浓邻里氛围已经离我们远去，“诗意地栖居”更是无从谈起。南·艾琳曾说，“新的技术、日益盛行的隐逸主义再加上公共区域的变小，使人们更常地呆在家里[4]。”居住区设计作为城市建设的重要组成部分，不仅意味着要为居民设计栖身之所，还需要创造能激起居民交往兴趣的邻里空间。然而很多居住区的环境设计仅仅是形式的模仿、景观的创造，对交往空间的设计更是简单：生硬的直线道路和整齐的行道树，空旷的毫无生气的广场，单调封闭的楼梯间……设计者对交往需要忽视，使邻里空间只成为了回家的通道。

对于寒地城市而言，冬季漫长而寒冷，寒风刺骨，白雪皑皑，恶劣的气候和单调的景观使得居民对外出交往望而却步，居住区按照常规方法规划和设计已经不能满足寒地城市人们交往的需求。如何在寒地城市创造真正能激起居民交往兴趣的良好邻里空间，如何改善邻里交往空间的质量并提高其利用率，成为21世纪寒地城市居住区设计者的责任。

1.2 本书项目的目的及意义

1.2.1 本书项目目的

通过此次研究，试图达到以下目的：

（1）了解冬季时期寒地城市居住区交往空间的使用情况。

从城市系统的角度，综合城市社会学，行为学规划，学科建筑学的研究成果，自上而下的俯瞰居住区，社会的结构和秩序，分析居住区的社会空间时间结构，揭示城市宏观系统与居住区日常生活微观系统的非秩序和自发性的冲突与张力。从整体上认识居住区培育发展变迁的动力机制。此外，讨论居住区规划作为空间产生的制式框架，规划师、建筑师、消费者、政府开发商对达成居住区规划社会目标的张力。通过问卷调查、行为观察和访谈记录的方式，对乌鲁木齐的红十月花园小区等3个居住区中居民的在冬季的户外交往情况做田野调查，调查方法是行为观察、访谈记录和调查问卷，了解使用者对本小区交往空间的真实需求和建议；从居住区的多维含义入手，借鉴西方社会学界最新、最有影响的研究成果，分析居住区作为地域生活共同体，在社会系统整体中的地位、作用及对社会整合和人文关怀的意义，并将居住区规划的社会原则归结为居住区精神和社会整合。

(2) 在调研的基础上分析寒地城市居住区交往空间设计上的不足。

通过实地调研了解居民在冬季的交往状况，总结目前乌鲁木齐居住区交往空间设计上存在的误区，对交往空间现状的本质进行探讨，并就其问题在行为建筑学、环境心理学等理论基础上作出研究。从社区微观层面，以居住区精神为要旨，重新审视居住区规划的空间要素，比如规模边界中心等物质空间设计策略，探索居住区精神与社会整合原则统一的空间模式。

(3) 探索寒地城市居住区交往空间设计上的方法。

充分考虑寒地城市的气候条件，在实例调研分析和理论研究的基础上，探索适合寒地交往空间设计的途径和方法，主要包括室内的复合型交往空间设计和室外交往空间环境要素的设计，为寒地城市居住区交往空间设计提供借鉴。从现状政策、规划模式及结果的关系入手，选择典型案例进行分析，通过实践验证理论模型的可操作性，积极探索物质层面规划与社会整合，以及社会精神相协调的综合调控机制。

(4) 信息化技术带来的机遇。

习近平总书记在全国网络安全和信息化工作会议上强调指出，信息化为中华民族带来了千载难逢的机遇，我们必须敏锐抓住信息化发展的历史机遇[5]。在当代计算机网络技术不断发展的趋势背景下，已经出现了多种新的建筑工程技术，参数化建模方法和各种软件工具可协助建筑规划和设计技术的设计，满足了建筑规划和设计信息管理行业中的这一严格要求。使用智能的参数化设计，信息管理技术和相关的软件将建筑和功能中各个环节的信息内容和数据信息集成到项目中已成为当今建筑规划和设计行业的一个明显特征，这项技术也已成为当今建筑规划和设计中的一项发展趋势。

在20世纪90年代，建筑业从绘图板制图过渡到计算机制图，从而提高了制图效率，促进了建筑业的快速发展。尽管取消了绘图板，但它仍然是二维绘图。工具的变化缩短了项目的周期，随着技术的发展以及信息化概念的出现，人们开始思考三维设计的优势，但受限于当时的技术水平和硬件水平，促使了二维设计方案的模式一直在行业当中。随着经济发展全球化和技术要求的飞速发展，信息技术在建筑规划设计各个环节的行业应用领域中不断发展。中国的信息技术已不再是简单的理论基础研究，信息模型构建和管道升级等基础和中间应用已然发展起来。它逐渐应用于工程建筑的总体规划，建筑规划与设计，工程建设与施工以及运维管理等。作为一种更有利于工程建设信息管理的全生命周期时间管理方法的技术，这项技术长期以来一直在工程建设行业中得到广泛应用。

1.2.2 本书项目意义

1.2.2.1 社会意义

正如著名城市问题专家朱铁臻断言："在21世纪里，一座不适宜现代人生存的城市必将被淘汰，一座压抑人、限制人的创造性和发展的城市必将衰落[6]。"住区是社会的组成细胞，其交往空间的设计有着重要的意义，能够完善住区的功能，繁荣住区的文化，提升住区的品牌效应，张扬住区的个性，实现社区的稳定健康发展。

1.2.2.2 学术意义

交往环境是城市的生产力，是生命力，还是国际竞争力？在目前的经济和文化的大背景下，重新考虑邻里关系带给我们的启示，以乌鲁木齐城市为代表的寒地城市，针对社区环境、人们的生活方式、心理特征和出行规律，以提高交往空间质量为主要切入点进行研究。

1.2.2.3 应用价值

打造以人为本、配套设施齐全、优美、洁净、宜人的居住交往空间是宜居城市面临的重要任务之一[6]。本书正是在这一时代背景下，针对寒地城市的气候条件，从不同角度尝试进行适宜性的人性化交往空间设计，希望为今后开发商和建筑师在寒地城市居住区交往空间的设计上提供借鉴和帮助。

1.2.3 本书创新点

本书创新点如下：

(1) 人文关怀。本书着眼于目前居住区邻里关系淡漠的问题，对居住区交往空间设计模式进行探索，这里的交往不仅是人与人之间，也包括人与环境之间的对话。对于充满理想与欲望的人类而言，一切社会实践都是在为确立自身的独立与自由，将自身的主体价值作为对社会实践的折射，"价值就是人维护自身生命与存在的堤坝，是人类抵御空虚与虚无的防线。价值之于人的这种'可珍视性'在于它不只是体现了人的基本生存需要，它更体现了人对其自身的内在追求与终极关怀[7]。"在历史唯物主义的视域中，具有主体性的"人"居于主导地位，价值就是人的主体尺度，以人为本，构成了以实践作为基础和角度来关照人的社会价值的核心。

（2）针对具体气候。在应对气候问题的大背景下，处于寒冷气候条件下的城市发展面临着诸多挑战。城市规划作为引导城市健康有序发展的重要手段，肩负着提高城市人居环境质量、保障城市可持续发展等重任。本书针对寒地城市特殊的气候条件，回顾了国内外寒地城市总体规划、居住区规划、开放空间规划及景观规划等方面的重要成果，提出了基于健康导向、大数据支撑及多过程管控的寒地城市规划设计与管理等研究趋势的展望。尤其在漫长又寒冷的冬季，让居民更好地交往，不局限于理论层次，着眼于针对性和可操作性，达到理论与实际很好结合的目的。

（3）以信息化技术作为辅助手段，达到数据可视化。将二维的工程建筑图转换为三维的可视化建筑模型产品，所有的工程建筑信息内容都可以表达在三维模型中，这种模型更受甲方、设计团队、建筑工程专业人士的欢迎。对新项目是否满足要求的估量更为准确。例如 BIM 技术可以在项目中设计和施工环节中进行全方位的仿真模拟，在项目方案概念阶段环保节能设计、日照、紧急消防疏散等仿真模拟；在项目施工实施环节中，对项目进度计划和成本管理进行仿真模拟，并在交付房屋建设后的运营环节中的各种日常和紧急情况下使用仿真模拟等。实际上，信息内容的一致性和多样性都会影响项目的实际效果，将掌握的信息内容的操作集中到工程项目中并进行改进，使其更有利于项目的发展，这很方便项目的管理。

1.3 本书的内容及涉及方法

1.3.1 本书内容

本书包括以下几方面：

（1）本书以健康中国行动计划与提升社区开放空间品质促进居民健康作为研究背景，明确研究目的和意义，确定研究的内容和框架。通过对相关理论的研究界定了本书涉及的“健康促进理念”和“城市居住社区交往空间”的基本概念和内涵。同时梳理相关的理论基础，对国内健康促进、社区交往空间的相关理论与实践进行研究，总结出交往空间促进建设相关要点。

（2）在理论研究的基础上，对城市居住社区交往空间使用主体进行分析，完成对相关概念的梳理，比如寒地城市，交往空间，分析社区居民的健康需求，构建居民的交往需求层次体系，为制定满足居民需求的社区交往空间设计策略奠定基础。同时明确信息化辅助手段，加强交往空间的舒适性，提高利用率。

（3）对居住区进行基础性调研，对寒冷地区典型居住区交往空间，通过观察访问等方法，了解市民的现实需求，通过行为观察和调查问卷，了解了这些小区交往空间的使用情况，归纳了目前交往空间存在的一些问题。

（4）信息模型是实现信息共享和协同设计的基础。建设工程项目是一个复杂的、综合的经营活动，参与者涉及众多专业，生命周期长达几十年、上百年，所以建筑信息的交换与共享是工程项目的主要活动内容之一。目前的建筑软件只是涉及建筑生命周期的某个阶段的、某个专业领域的应用，例如建筑 CAD 软件、概预算软件等。没有哪个开发商能够提供覆盖建筑整个生命周期的应用系统，也没有哪个工程是只使用一家的软件产品完成的。大多数情况下，信息的交换与共享是由人工完成的。也就是说，人成为了不同系统之间的接口，手工实现了信息交换。信息化建筑模型是包含了建筑所有特征的 3D 数字模型成为设计的核心。首先，它不是仅将纸质文件转变成电子文档，也不仅只是漂亮的 3D 渲染、详尽的施工图，电子文档只是其中的一个组成部分，完成信息的利用、再利用、数据交换等。当以模型为基础的 3D、2D 技术与信息相结合，建筑师就拥有了更加快速、高质量、更丰富的设计过程。这样不仅降低了风险、保证了设计意图，而且质量控制得到改进，交流更加清晰，高级的分析工具也就更容易被接受。较低层次的任务，例如绘制图纸、文档生成、创建进度表等都是自动的。一个建筑设计不同视图的图纸在修改的时候都会自动更新。通过信息技术，规划师能充分利用计算机的力量，来提高交往空间的设计价值。

1.3.2 本书涉及方法

本书项目主要采用以下研究方法：

（1）文献研究法。根据课题要求，通过查阅国内外相关著作、论文、期刊以及互联网收集国内外相关文献数据获得对研究对象的一般印象和背景资料，从而为全面地了解研究对象做好准备。

（2）实地调研与分析。作者于 2020 年 12 月至 2021 年 4 月展开调研工作，调查对象选择为乌鲁木齐城市红十月花园小区、日月星光小区和幸福花园小区三个住宅小区，在确定了研究问题的基础上，对所拟定的若干小区地段进行针对性地实地观察和对居民的访谈调查，并对调研结果作出汇总整理，经过进一步的统计和分析，这些调研数据和成果可以作为本书内容研究的依据。

（3）多学科交叉的研究方法。结合建筑学、城市规划学、景观学、心理学、环境行为和地域文化等学科知识与交往空间理论相结合的方法进行研究，总结出具有针对性研究体系和框架。

1.4　国内外相关理论的研究综述及评价

1.4.1　国内交往空间的研究现状

自从我国 1979 年重建社会学以后，国内居住区邻里交往空间相关理论被提上设计研究领域，研究的项目主要包括居民行为动机理论、需求层次理论、交往需求理论、社会化理论和社区理论等几个方面[8]，当然大部分著作都是涉及居住区环境设计，专门针对研究户外交往空间设计的著作还没有，但在部分著作文章中已经提到有关促进居民邻里交往的相关理论，不仅对城市户外交往空间进行理论研究，在实际项目操作中也做了很多努力，尤其是现在城市建设中对于人居环境理念的越来越重视，对居住区交往空间的研究也被逐渐提上日程。

柳学军[9]谈到城市空间有几大特性，比如公众开放性、地域性、文化性等，其主要作用是为市民提供可以休闲娱乐的场所，例如居民的散步、集会、健身等等，良好的景色是通过设计师将城市中居民的行为和城市交往空间有机相组织和串联设计而成；能维持城市区域生态系统的动态平衡，起到能给城市居民提供城区新鲜空气库的作用，城市公共空间更重要的功能是土地储存，最后讲到城市空间形态、发展机制和决策机制。

周振宇[10]关注了城市公共空间的访问频率和使用效率问题，并对此提出对策。作者认为，公共空间的优劣应从使用度、满意度以及愿望度这 3 个方面来评价，包括易达性、安全性、微气候、细节设计、生活型功能、多样化模式等要素。

郭恩章[11]谈到，首先高质量的城市公共交往空间应该是一个多功能、多层次的活动场所，其次是城市经济、社会、文化等诸多信息的物质载体，是城市居民们社会生活的大舞台。目前国内的城市公共空交往间设计存在着许多的问题。主要表现在设计形式单一、居住区设计缺乏个性、建筑片面强调宏伟、居住区供居民活动的配套设施不足、居住区规划尺度失调、居住区户外空间绿化少、邻里交往空间无序、居住区人车干扰、城市居住区污染严重等。作者提出了一些解决的策略：如处理好户外交往空间边界、注重户外交往空间细节设计、空间规模适宜等。

张景秋[12]阐述了城市文化与交往空间的关系，主要表现为地域化和全球化、功能化和可视化、等级化和排他化等特征。作者表述了文化的价值观、行为规范以及物质实体要素，其中文化价值观包括城市户外交往空间的设计，行为规范则指导城市居住区人们如何在这种物质体系价值观下生活，物质实体就是价值观符号化。

仲利强[13]阐述了历史街区保护的概念，提出了一些对于历史街区的保护方法与对策：首先我们要保留和继承下去的是先人留给我们的宝贵的建造方法和建筑文化，很多街区的保护应使之循序渐进的发展，另外应该将被动保护变为主动保护，在实施的过程中应该将保护当作一种管理的模式和过程。

1.4.2 国外交往空间的研究现状

国外关于交往空间的研究可以追溯到 14~16 世纪西方文艺复兴运动，人文主义思想开始在建筑与城市规划领域中蔓延，公共活动空间作为市民相互沟通的交往场所，逐渐出现在城市规划中的广场、步道、绿地等空间中，为城市生活增添了极大的多样性与趣味性。20 世纪 20 年代在功能主义的影响下，过分注重建筑功能，忽视了城市文脉延续与市民交往活动，最终引起了人们广泛的抗议。1954 年美国普鲁伊特—伊戈住宅区建成之时没有充分考虑城市生活细节与普通民众需求，被指责疏远社区交往并煽动种族隔离，最终于 1972 年被爆破拆除。一系列的问题使城市生活中交往活动的重要性逐渐凸显，建设活动如果缺乏对人类行为的理解，容易让人感到隔阂、压抑与冷漠。

从 19 世纪末 20 世纪初以来，在欧美工业化和城市化快速发展之际，欧美发达国家就一直进行着居住区建设的研究。20 世纪著名建筑大师柯布西耶，为了改善当时居住区恶劣的环境问题，提出了“花园中的高楼”。人们加强了对城市居住中人们的交往行为与环境交往空间设计思想的研究，出版编著了许多有关城市居住区交往空间的设计书籍。

国际著名城市设计专家丹麦扬·盖尔，在《交往与空间》中提出，社会生活交往空间对人造环境的特殊要求，书中将交往活动划分为 3 种类型，分别是必要性活动、自发性活动和社会性活动。通过对人们的日常生活行为、知觉与空间、空间尺度与感受等细微且实际的分析，提出了居住区人们交往活动不同对周边环境的要求也有所不同的独特见解，城市设计专家应设计各种宜人的交往空间才能吸引更多的人们去参与邻里交往活动，并提出了设计创造有活力富有人情味吸引人的交往空间的许多途径和方法。

日本学者芦原义信[14]在空间的存在形式和属性方面的基础上，又总结了以前的一些空间理论，提出了“N 空间”“P 空间”“逆空间”等理论，在建筑构成分析的基础上，分析城市空间构成要素，包括“外部空间的布局”“空间的封闭”“外部空间的层次”“外部空间的序列”“其他手法 ”等。他认为“外部空间是由人创造的，有目的的外部环境，是比自然更有意义的空间”。

20 世纪 70 年代建筑大师纽曼探讨了城市居住社区环境与城市犯罪的问题，交往空间领域是可防卫和层次分明的空间，根据在交往空间中不同领域的心理上的差异性、交往特点的不同以及交往主体的特征，将城市居住空间划分为公共—半公共—半私密—私密递进的空间形式。居民在不同层次的交往空间中活动时安全领域感的程度是不同的。

1979年美国纽约牛津大学出版社出版了美国当代著名建筑理论家亚历山大等人[15]编写的一套丛书，即《建筑的永恒之道》（卷1）、《模式语言》（卷2）和《俄勒冈实验》（卷3）。作者通过对大量人们的交往行为、活动规律和生活方式的调查研究和规划设计实践，对大量的建筑和城镇设计相关文献的进行考察分析，据此提炼出了一系列关于建筑和规划的模式语言[15]。

在城市设计方面，罗伯特·文丘里在《建筑的矛盾性与复杂性》中指出建筑不能与城市文脉相孤立，两者应该有所联系。美国城市理论家凯文·林奇在《城市意象》中提出城市设计五要素，并在《一种好的城市形态理论中》指出了空间和活动的相互依赖性[16]。阿尔多·罗西在《城市建筑学》中指出城市不能受限于视觉表面的建筑空间实体和城市外在形象，城市的存在应该有更深层次的意义表达。在建筑设计方面，受现象学思想的影响，挪威建筑理论家诺伯格·舒尔茨先后出版了《建筑的意向》《存在·建筑·空间》《西方建筑的意义》和《场所精神——迈向建筑现象学》等著作，为场所理论体系建立了初步模型。美国建筑师史蒂文·霍尔在存在现象学的影响下出版了《锚固》、随后又吸收了知觉现象学的相关理论出版了《知觉的问题——建筑的现象学》。尤哈尼·帕拉斯马的《建筑七感》、彼得·卒姆托的《建筑氛围》等，也对场所理论进所营造的方法。自二战战后城市重建时期起，不断有关于场所的著作出版，从一开始的概念提出，逐步到理论完善，最后到具体的设计实践，均从不同角度对场所进行了完善和发展进行了补充并提出了新的思路。

1.4.3 本书项目的综述评价

城市交往空间建设目前也是国际上一个普遍关注的社会问题，国外对这个问题研究的起步更早，很多文献著作都对相关问题做出阐述，但在我国起步较晚，目前并没有得到太大的重视。我国目前的居住区环境建设也逐步得到重视，而且在很多精品小区的楼盘广告中，交往空间建设已得到关注，但是现实建设当中的矛盾问题比较突出，很多交往空间的建设没有与周围环境结合，或是用大面积的绿化代替，成为以楼盘广告的卖点，忽视了居民实际的交往特征和交往需求，造成这些空间使用率极低以至于空间的浪费。

马克思将主体价值概括为“人的内在尺度”，“内在尺度”即主体尺度的确立，是构成主体价值本质的基石。既然“尺度”构成了针对物质世界的一定存在体的衡量依据和标准，具有约定俗成的或是规定性的意义，那么主体尺度无疑就是针对作为社会存在个体的人，以其内在的主体性构成与存在形态而进行衡量的根据与标准，具有鲜明的主观评判标准与审美要求，其实质，即为主体“自我”价值的根据和标准。它既包括人的需要，也包括人的能力等其他规定性。通过马斯洛所剖析的人的基本需求层次原理，我们也可以看出，所谓需求层次，即是对人的社会存在、社会实践与社会价值的一种合理解释。“需要”产生于主体自身同周围世界的不可分割的联系，是人的生存发展对外部世界及自我需求满足感的表现。人作为主体的需要不仅是客观的，而且具有无限多的方面和内容，是极其丰富多样而且不断变化着的。

在所收集的文献当中，有从交往空间本体来讲述关于空间问题的，比如交往空间的形态、边界、功能、地域性等，有从其他社会学科角度来解读交往空间社会属性的文章，比如心理学、社会学等，文章从不同的方面通过城市空间为载体，阐述社会问题见表 1-1。对于所研究的课题而言，是有启发性意义的。其中有几篇是关于研究方法的，对于本课题的研究也很有帮助。

表 1-1 相关综述汇总

书 名	作者	主要观点	关注的问题
《城市公共空间的研究》[9]	柳学军	总结了城市空间的特性和良好的城市景观形成的基础	城市空间和城市景观
《城市公共空间使用成效评价及应对策略》[10]	周振宇	城市公共空间可以从使用度、满意度以及愿望度三个方面来评价，也包含了很多其他因素的影响	公共空间的使用效率问题
《高质量城市公共空间的设计对策》[11]	郭恩章	归纳了高质量的公共空间特征，并对目前公共空间存在的一些现实问题提出了解决方案	公共空间的特征和城市问题
《从城市文化视角解读城市公共空间》[12]	张景秋	解读了城市文化与城市交往空间之间的关系，并表述了作者的文化价值观	城市文化与交往空间
《历史街区规划对传统生活方式及文化的传承保护》[13]	仲利强	阐述了历史街区保护的概念，提出要变被动保护为主动保护。	历史街区的保护及实施管理
《交往与空间》	扬·盖尔（丹麦）	将交往活动进行了分类，提出了富有人情味的交往空间设计方法	交往的分类及交往与环境的关系
《城市邻里单元》	S·凯乐（Suzanne Keller）	从居民的活动模式出发，就居民对外界环境的感知提出一系列交往空间是设计方法	交往模式与交往空间设计方法
《外部空间设计》[14]	芦原义信	在建筑构成分析的基础上，分析城市空间构成要素	城市空间构成理论
《可防卫空间》	纽曼	探讨了空间环境与住区犯罪活动的关系，将空间按私密程度划分为三个等级	空间活动与犯罪活动

续表 1-1

书 名	作者	主要观点	关注的问题
《建筑的永恒之道》《模式语言》和《俄勒冈实验》[15]	亚历山大	在对大量城镇考察分析的基础上，提炼出一系列关于建筑和规划的模式语言	空间模式语言

1.5 相关概念的界定

1.5.1 寒地城市

寒地城市是指冬季漫长、气候寒冷而给人们的生活带来不利影响的城市。1986 年在加拿大举行的国际寒地城市会议上，将寒地城市进一步定义为："1 月平均气温为 0℃或者更低，并位于高于纬度 45°地区城市[17]。"我国刘德明认为，"一年中日平均气温在 0℃以下的时间超过三个月以上的城市，中国国土面积一半以上的城市都可以归为寒地城市，比如乌鲁木齐、北京、东北三省都属于寒地城市，城市人口数量接近 2 亿"。第十一届世界寒地城市市长会议上，修订了《寒地城市宪章》，对寒地城市新的定义是：每年积雪厚度 20cm 以上，或者每年有一个月平均气温低于 0℃的城市[18]。寒地城市气候有以下基本特征：气温一般在 0℃以下，通常以雪的形式降水；日照或白昼时间短暂；冬季持续时间长，季节变化明显。由于地理位置特殊、自然条件严峻，寒地城市一年中很长一段时间总是与严寒、灰暗、降雪、和寒风相伴，这些恶劣的气候对城市的建设和发展提出了严峻的挑战。针对我国寒地城市特有的气候类型，本书选取中国寒地城市典型性代表——乌鲁木齐，作为重点研究对象。

1.5.2 交往

"交往"属于社会心理学的概念，在《中国大百科全书》中对"交往"的解释为："由于共同活动的需要而在人们之间所产生的那种建立和发展相互接触的复杂和多方面的过程[19]。"在《汉语大字典》中，交往是指人与人之间发生接触行为和交际往来，相互传递信息和表达感情的活动，或者说，交往行为是由于共同活动的需要而在人与人之间所产生的需要相互接触的多元的过程。交往活动一般是多元化的，比较复杂的，并且带有伴随性，常常伴随着其他的活动而发生，交往活动也可以根据不同的方法分为多种类型，丹麦学者杨·盖尔在《交往与空间》按照以下方法进行了分类，如图 1-1 所示。

1.5.3 邻里

"邻里"是社会学研究的领域，是在地域条件上相互靠近的基础之上，在亲

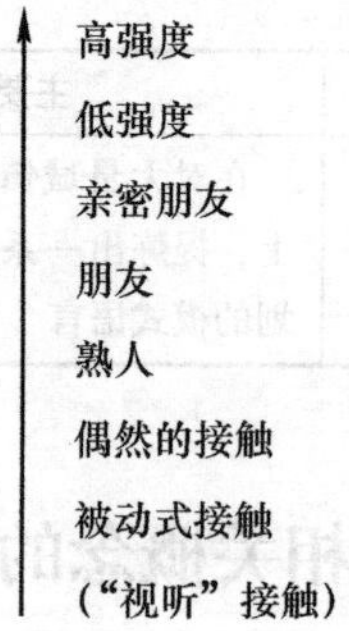

图 1-1 交往行为的程度分类

情和友情的促进之下而逐渐形成的相互依靠、一同生活的小群体。滕尼斯认为，“邻里描述了乡村共同生活的一般特征。”因此可以将邻里视为社区的一种典型形态，20 世纪 30 年代，美国建筑师·西萨佩里提出“邻里单元理论”，要求在较大的范围内任意一个规划居住区，使得每一个“邻里单位”称为居住区的“组成细胞”，通过小学的服务半径来确定“邻里单位”的规模，并在内部设置一些为居民服务的、日常使用的公共建筑及设施，并且给予社区中的弱者更多关怀，是一种理想的城市居住生活空间模式。

1.5.4 邻里交往空间

交往行为发生的空间称为交往空间，这个概念包含着两层意义，一是空间实体，为居民提供交往行为的具体地点，二是在这个空间中人们发生的交往行为。行为会受到环境的影响，设计合理的空间形态会促进人们的行为活动，延长人们在这个空间逗留的时间，反之则会减少。本书研究的是指在居住区的环境中会发生交往行为的空间区域，由于交往行为需要有人的存在和活动的产生，也可将交往空间看成是小区的活动空间，从心理学角度上属于半私密的空间。

交往空间是本书的研究主体，是指人与人之间发生语言沟通、视线交换、日常偶遇、情感传递等各种交往活动的场所，人们以停留、步行、静坐等各种具体的活动形式为纽带同空间环境发生关系，因此交往空间是人与人之间、人与环境之间互动的载体，是多元复杂的人性化公共空间。

2 交往行为和交往空间的理论研究

2.1 居民的交往心理

2.1.1 居民对交往的需求

恩内斯特·贝克指出:“现代生活的特征是对个人英雄主义的渴望,表现在城市中个体空间的强化和公共场所的丧失,而在个体进程中,孤独化现象又是生物本能最大的恐惧之一[20]。”

每个人一生离不开相互交往,这也是一个人的基本需要。在马斯洛提出的人的5种需要里,每种需要都不可能凭着一个人的力量而产生,都需要与他人发生行为关系,从而需求才能够得到实现。人们的生理需要、安全需要、爱的需要和自我实现的需要暗中都包含着对于交往的需求,因为每种需要都要通过人的交往活动来实现。生理需要和安全需要是离不开与他人的关系。爱的需要更意味着人对交往的需要。自我实现是只能通过对他人的帮助和对社会的贡献来实现。所以,人的所有需要也就是人们社会相互交往的需要。

2.1.2 居民交往的心理特征

在社区生活中我们常常发现,空旷的场地上由于某种原因,很少有人光顾,而狭小的某个角落里却人气很旺盛,经常有居民们在那里活动,这些现象都表明活动的人群都有某种心理上的倾向,如果这片场地没有符合人们的习惯,即使设计得再好的空间也不能吸引人们去活动,大家对居住区户外空间的心理需求是相同的。要设计出一个好的成功的交往空间就先要研究居民交往时的心理特征和趋向性的交往心理。

2.1.2.1 中心恐惧

当人处于一个场所的中心位置时,他的感受和处在边缘位置是不同的。在场所的中心位置,即使周围都有均质性的屏障,人无法找到相应的对应人体特质的点,会失去安全感觉,所承受的心理压力会加大。居住区中若要产生交往行为,首先要交往的双方都有共同的交流渴望,这样才能够为进一步交往而努力,然后通过达成共识,产生彼此认同感,在一定外界环境条件的驱使下,最后完成交往的行为，比如同在谈话中，人们会寻找共同话题，以达到心理上的共鸣。俗语中经常说“不是一家人，不进一家门”和“物以类聚，人以群分”就是趋同的心理作用表现。

2.1.2.2 前尊心理与后防意识——边缘效应

前尊心理：人们在相互交往中总是喜欢面对面，因为人的主要感知器官——眼、口、嘴、鼻长在人的面部，所以人对于前方的事物会比较敏感，对左右两侧和尤其后部反应相对迟钝，由于人们长期形成的习惯，对发生于前方的事物会获得更大的信息量。所以，人们在相互交往时都会更加喜欢面对面的交流，除了看清对方的表情，相互听清对方所讲的话，还是对另一方的尊重需要，因为人们在长期生活中形成的一种心理状态，人的前面总是比后面要尊贵。

后防意识：人体后部的安全感相对前方会比较差，所以在相互交往的过程中人们总喜欢站在屏障的附近或者有东西挡着自己后部，我们在餐厅等公共场所中会发现，先到达的人们大多不愿意选择中间的位置，而更愿意选择窗边、墙边等靠边的位置。

2.1.2.3 从众心理

在生活中我们都会有这样的体会，一种活动刚开始只有个别人参与，但过不了多久，经过的一些人被吸引而围观，并且有可能参与其中，最后参加围观的人就越来越多，这样引得更多的人参与。爱好或者好奇并参与其中，这样会通过新的活动产生深层次的交往行为，这就是人交往时的从众心理。

2.2 居民的交往行为

2.2.1 交往行为的特征与形式

城市住区空间进行交往活动主要角色是该居住区内的居民，因为交往主体区别于其他公共空间，在居住区交往空间进行交往活动具有以下特点：

(1) 交往活动的随意性、伴随性。居住区的交往是很随意的，人们在居住区相互交往与在工作和学习中进行交往是有区别的，人们相互之间显得比较亲切，经常能见面寒暄、进行聊天、开展共同的娱乐活动等。同时交往有很强的伴随性，居住区的许多交往活动一般都是伴随着散步、聊天、陪孩子玩耍活动进行，相反独立性的只为交往而交往的活动在居住区较少进行。

(2) 交往活动的多样性、分散性。交往活动呈现出多样性。这是由于居住在城市中的居民人的年龄层次、每个人的受教育程度、所从事的工作、各自生活习惯、每个人社会阅历和个性的千差万别，导致在相互交往中每个人的交往方式、活动场地和频率的差异。

交往活动在空间上呈现出分散性。由于住在居住区人们总是低头不见抬头见，于是在居住区单元入口处、地下停车场、小区道路、健身设施的不断相遇，就会产生分散性。

(3) 交往活动的综合性、变化性。公共空间中的交往活动具有综合性。活动方式并不是单一的，而总是以一种交融的形式产生，人们在交往活动中，某两类或者几类的活动方式会融合发生。由于交往行为的随意性，同时交往活动也在动态变化着。在调研中我们发现，居住区人们在交往活动中，总是不断变换着自己的活动形式来进行各种交往活动。

2.2.2 交往行为的多样性

邻里交往根据不同的划分方式可以将这些活动分为不同种类，见表2-1。例如根据活动性质分为必要性活动、自发性活动和社会性活动；按活动状态可分为动态活动和静态活动；按活动参与人数可分为单人活动、双人活动和多人活动等。

表2-1 《交往与空间》中户外的交往活动类型

活动类型	性 质	特点	举例
必要性活动	指那些为了满足基本生活需求而不得不进行的活动	很少受到居住区物质环境的影响，并且大多需要步行	工作上的业务往来、谈判、处理事务等
自发性活动	指只有人们有参与的意愿、外部条件适宜，天气和场所具有吸引力的情况下才会发生的活动	外部条件适宜，天气和场所具有吸引力	散步、驻足观望、坐下来晒太阳。
社会性活动	指依靠别人来参与，需要通过人与人在公共交往空间中进行交流	在户外空间、庭园空间、道路空间等场合交往活动	如儿童游戏、聊天、互相打招呼、交谈等

2.2.3 不同年龄阶段居民交往行为的多样性

根据联合国世界卫生组织《人类年龄段划分新标准》，居住区交往空间的使用者可分为老年人（60~90岁）、中年人（45~59岁）、青年人（14~44岁）、儿童（0~14岁），不同年龄阶段的使用者对交往空间的需求不同。

2.2.3.1 老年人的活动特征和交往需求

老年人（60~74岁年轻老人，75~89岁老年人，90岁以上长寿老人）是交往空间的主要使用者，参加户外邻里交往有助于老年人的生理健康。首先，邻里交往空间的使用合作及交流能够融健康锻炼于交往中，由于身体的衰老，老年人的生活质量及健康状况受到很大的影响，甚至出现疾病，户外交往活动除了可以改善老年人的心理状态，还有利于身体机能，延缓衰老。其次，邻里交往活动可以调节老年人的精神情绪，老年人由于生理、社会地位、家庭地位都会发生很大的变化，容易导致悲观失望，消沉、或易暴躁易发怒、猜疑、神经过敏等。而老年人与老年人之间通过在户外相互交往，调节他们的心情，缓解他们的心理压力，可丰富充实老年人的情感生活，活动地点主要在水岸、凉亭、散步道、景观廊架等。邻里户外交往活动方式有晨练、娱乐、散步等。从调查问卷中发现，城市住区内的老年人多数都希望在居住区户外多增加一些专门给老年人活动的设施。

在调查中我们发现，居住区内各种景观的主要使用者——老年人，老人在邻里中的交往活动频繁，退休老人空闲时间很多，其交往意愿强烈，希望能聚居喝茶、聊天、晨练等，是邻里交往的主角。

2.2.3.2 中年人的活动特征和交往需求

中年人（45~59 岁）是人生创业的黄金时期，是出成果、拥有成就和辉煌的时候，也是承受着社会、家庭、生理和心理多方面的巨大压力的时期。正是因为中年人生活压力比较大，工作和社会活动繁忙，主要以职业为中心来安排其生活，所以只有在晚上或周末才会有空闲时间来进行户外活动，即无论做什么事，例如休息、锻炼、学习、娱乐都主要是有助于使自己能更有效地投入到工作中。他们在住区中的交往活动机会较少，可以理解为对其职业活动的一种补充。交往活动往往带有一定的消费性、职业性、主动性，活动场所的范围较广。活动多以道路交通为主，居住区景观使用主要是交通和对路边景色的欣赏。

2.2.3.3 青年人的活动特征和交往需求

美国心理学家苏贝尔认为青年期是个人的生物性和社会性由童年向成年过渡的时期[21]。青年期（14~44 岁）各项生理机能发展趋于成熟的时期，心理上也趋于成熟。这一时期青年人的人生观基本形成，性心理与爱情有了新发展，意志和品质形成，形成了有特点的个性。所以虽然青年人在居住区内的作息与中年人相似，平时的活动方式比较丰富，活动范围也较为广泛，有静态的聊天、交谈、观望，也会有动态的跑步、轮滑，也有年轻的父母会带着自家孩子玩耍。在调研中，多数被采访的青年人都希望增加居住区活动的种类并增加座椅的数量。

青年人是住区居住的主要群体，正在人生的关键时刻，也是社会任务最繁重的时刻，既有自己繁忙的工作，还要肩负照看老人和孩子的使命，在白天忙于工作，对居住区活动设施的使用较少，晚上可能会来到室外进行活动，有孩子的年轻父母会带孩子出来玩耍。另外通过调查发现，在居住区交往空间参与活动或交谈的中青年女性会多于男性，活动场所一般不会选择太远，都在住宅附近。

这一人群户外活动方式以步行为主，步行首先是一种交通类型，一种走动的方式。但它也为进入公共环境提供了简便易行的方法。一个人一次步行外出可能兼有公务、观光或散步的目的，也可能分3次去做这些事。步行活动常常是一种必要性的活动，但也可能仅仅是一种进入活动现场的托词——我只是打这儿路过。

所有步行交通的共同特点从生理和心理的角度决定了对物质环境的一系列要求。

2.2.3.4 儿童的活动特征和交往需求

儿童游戏是可以预先安排的，例如生日晚会上的活动和学校中有组织的集体游戏等。但是大多数的游戏并不是有组织的。当孩子们聚在一块，或当他们看到别的小孩在玩耍，或他们安静不下来想要出去活动一下时，游戏就可能发生，但这并不是预先确定的。首要的先决条件是相聚在同一空间。在公共场合下自然发生的接触，一般都是很短暂的，三言两语的对话，与邻座的简短交谈、在公共汽车上与小朋友拉家常、观看别人工作以及向人问讯等。以这类简单的层次为起点，接触就可以随参与者的意愿发展到别的层次。而相聚在同一空间是这些接触的必要前提。

在居住区中，婴幼儿和学龄期儿童（0~14岁）是人口组成的重要部分，这一组人群像纽带一样将不同年龄段的人连接起来。很多年轻的父母挑选房子时会将能否为子女提供一个舒适健康的成长环境作为重要因素。在这一成长时期，学会与人沟通和交往是儿童的重要任务，他们正是与其他年龄的人或者与同龄伙伴的交往中，学习和掌握社会规范，认识自己的社会角色，发展语言技能等。若是这一时期缺乏交往活动，会给儿童今后的性格发展带来阻碍。在调查的楼盘中，居住区为儿童提供的专门的活动场所不足，大部分是与其他年龄段的活动场所混用，并没有考虑到儿童的活动特征和需求。例如有些住区水景的水岸采取垂直设计，人与水有一定距离或者水景深度不适宜，造成无法接触和不敢接触的现象，儿童在这些地方活动会有一定的安全隐患，还有些住区的景观设施材质生硬，儿童在活动过程中有跌撞则容易受伤，这些都会让儿童产生与环境无法接触的愿望。

2.3 交往行为的分类

2.3.1 按交往的形成因素分类

2.3.1.1 亲缘性交往

亲缘性交往经常是由一个家庭或者直系亲属之间形成的交往，是住区中常见的交往类型。具有亲缘的人们相互之间的认同感比较强，对他们而言，平时生活在同一个屋檐下，空间距离是最短的，他们在交往的同时往往带有情感上的表达。比如一对夫妻出来散步，或者老人带着孙子孙女在院落空间中玩耍，或者情侣之间的拥抱等行为。

2.3.1.2 地缘性的交往

地缘性的交往是因为居民身处在同一个社区或者同一片地域而建立起来的交往关系，因为地理位置较近，所以经常见面，进而面熟，产生交往的可能性也就增加。因而在社区的管理体制中，应该多增加一些集体活动，让居民多多参与，加强彼此之间的了解，也可以增强居民的家园感和归属感。

2.3.1.3 业缘性交往

业缘性交往是指居民由于工作上的关系和业务上的往来而形成的交往关系，是同事之间的合作关系或者上司与下属之间，这种关系在居住区中比较少见。

2.3.1.4 类缘性交往

类缘性交往所谓“志趣相投”，当人们有着共同的志趣和爱好的时候，就比较容易有共同语言，从而更加容易走到一起。比如很多社区有的各种类型的俱乐部，将有着共同喜好的人们汇聚在一起，加强交往。

2.3.1.5 机缘性交往

机缘性交往是随机事件，发生在人们停车、偶遇、同路等情况下，这种类型的交往往往是较浅层次的，随后会转化为其他形式的交往活动。这些形式的交往在具体的活动中呈现相互交织的状态，社区中的每一位居民都处在这张社交网络中，在我国居住区目前是地缘性交往为主导，如果在社区规划中可以引入更多的交往机会，加强居民之间的机缘性交往，或者多开展一些活动，促进类缘性交往的发生，将会更好地加强交往的深度和频率。

2.3.2 按交往的行为目的分类

2.3.2.1 保健型的交往

保健型的交往是居民在锻炼身体时，与他人进行交流，大多发生在早晨或者晚上，参与人群主要是中老年人群，进行的活动为跑步、散步、打太极拳、跳集体舞等，这种交往的特征如下：首先，交往的时间比较固定，健身的时间一般都发生在早晨或者晚上。其次，交往的对象比较固定，一般一起活动的人群都是附近的居民，日积月累之后大家都比较熟识，比如跳老年舞蹈的老年人都是居住在社区的老人，偶尔会有新朋友加入，如果某一天某位老人没有来，同伴们都会加以询问和关心。最后，交往的地点比较固定，一般的健身场所会选择在比较人少清静的地方，而且要地势平坦，景观优美，如果是跑步或者散步，一般是绕着院落小径或者小区主干道。

2.3.2.2 休闲型的交往

休闲型的交往是小区居民在休闲时候的交往活动，交往的人群主要是中年人和青年人，也包括了一部分老年人，在冬季的活动时间一般是中午温度较高的时候或者天气晴朗的日子，行为活动可以有晒太阳、下象棋、聊天、闲谈、带小孩子玩耍等。这类活动通常发生在小区或者组团的中心，活动设施比较多的地方，而且要有良好的景观视线。这种交往活动的主要特征有：首先，具有较强的随机性，发生的时间随意性比较大，这种活动可以发生在空气清新、景色优美、小品和健身设施集中的地方，可以是在宅旁绿地，也可以在休闲广场上。另外，这种交往活动也具有自身的局限性，它受到天气的影响比较大，当气候恶劣的时候，或者设施不足，人们很难出来进行休闲型的交往活动。

2.3.2.3 游戏型的交往

游戏型的交往是指在游戏过程中的交往活动，这种交往通常发生在小朋友中间，并且由于小孩子的玩耍通常都有成年人的陪伴，因而由于孩子的交往进而产生大人的连锁交往，这种游戏的孩子一般有3~5人，活动方式有跳绳、打沙包、跳房子等，还有冬季时候经常玩的打雪仗和堆雪人的游戏。这种交往一般以安全性为前提，因为儿童年龄都比较小，自身的安全意识比较淡薄，儿童的安全性问题是家长们所担心的，所以这种活动场地的选择会在远离车行道的地方，并且活动地面材质的选择要以柔性材料为主，这样即使在活动中摔倒也不至于受伤。

2.4 气候因素对交往空间的影响

2.4.1 寒地城市居住区的 SWOT 分析

SWOT 分析法又称为态势分析法，是美国旧金山大学管理学教授威力克提出的，是综合评定企业内部和外部环境的各种要素，并进行综合的评定，择优选择方法，用来确定企业本身的竞争优势，竞争劣势，机会和威胁，现在应用于各个行业。其中 S（strength）是指内部的优势，W（weakness）是指内部的缺点和劣势，O（opportunity）是指可以得到的机会和机遇，T（threat）是指将会面临的威胁，见表 2-2。

表 2-2 寒地城市居住区的 SWOT 分析

项目	S 优势	W 劣势	O 机遇	T 挑战
特点	1. 季节变化明显 2. 冬季景观独特 3. 活动空间充足 4. 以雪的形式降水	1. 气温低 2. 寒风比较大 3. 白昼时间短 4. 路面湿滑，人们出行困难 5. 色彩单调	1. 冰雪特色景观的利用 2. 滑冰等特殊的休闲方式 3. 住区的更新速度加快	1. 日照不充分 2. 交通不便，污染物的危害 3. 黑暗的时间长

2.4.2 冬季气候因素对交往空间的影响

2.4.2.1 日照

日照是决定气候特征的一个重要因素。寒地城市在冬季的日照时间很短，而日照对于人们的身体健康和活动心情都会起到极大的促进因素，室外活动的居民都希望可以获得充足的日照。因为适当的阳光照射，能使人体组织合成维生素 D 并且促进钙类物质的吸收。另外，在冬季人们接受太阳辐射热的程度与人体的舒适度是成正比的，对人的活动心情也有很大的影响，可以延长居民的活动时间。在冬季寒冷的阴霾天气人们会容易感觉到压抑，产生忧愁，而有暖暖阳光的天气心情会比较舒畅，晒着太阳与左邻右舍唠唠家常，不失为一件舒服的事情。据瑞典科学家的实验结果表示，在同样的外界条件下，在有足够阳光的照射下，人体舒适温度底线是 11℃，而如果在没有阳光的阴影条件下是 21℃[21]。

2.4.2.2 空气的温度

温度是影响人体热舒适感的重要参数。人存在于空气环境中，很大程度上都会被环境的温度和湿度所影响，人体对温度在一定范围内有适度的调节能力，这一范围通常情况下是4℃，但当外界温度超过了这个范围，会导致人体的热平衡失衡，对人体造成伤害。在寒地城市，人体的舒适度与人体皮肤表面的温度成正比，正常人在体表温度为12℃以上时会舒适，老年人和儿童等特殊人群对这一数值的要求会更高，当外部环境的温度过低的时候，人体会自动调节将动能转化为热量来平衡人体热量。据数据表明，乌鲁木齐城市年平均气温4.7℃，最冷月一月或二月的平均气温在零下16.7℃，如此低的温度要达到人体的舒适度是很难的，因此在设计中应当采取适当的方式来提高局部温度，满足人体的舒适度。比如建造暖房、半公共入口空间、暖座等设施，创造舒适的微气候环境，给交往人群提供温暖的空间，满足人体对温度的需求。

2.4.2.3 降雪

寒地城市的冬天，一般降雪量较大，城区经常被皑皑白雪所覆盖，以乌鲁木齐城市为例，由于市区三面环山，地处盆地，冬季冷空气滞留，造成城区的降雪量丰富。频繁的降雪给城区带来积雪堆积，清扫困难，道路容易结成冰面，容易造成机动车辆的事故，并且影响机动车辆的行驶速度。对小区而言，路面结冰会造成行人的摔伤情况，并且老年人的出行也受到极大的限制。与此同时，皑皑白雪也是乌鲁木齐冬季的一大特色景观，设计中应当充分利用这一得天独厚的自然条件，设置冰灯、雪雕等趣味设施，吸引居民走出家门，到室外进行交往活动。

2.4.2.4 风

通过笔者的访谈调查表示，即使温度低一些，只要没有风，还是有很多居民愿意在室外活动的，在冬季，寒风刺骨，过强的风力会给居民的出行和活动造成很大阻碍，也减少了居民交往的机会。乌鲁木齐市区全年盛行北风和西北风，大部分地区年平均风速2~3m/s。风速较高，直接影响到居民的舒适度，而且接近地面的寒风也会给行人造成更多心理上的不适，很大程度上限制了居民的出行行为，因此在寒地城市冬季减小风速是满足人体舒适度的重要手段之一。在居住区的规划布局设计中，通过建筑周边围合布局，利用绿化和建筑来挡风，活动场所的选择上考虑风向因素的影响，避免选择在局部架空的建筑下和大体量建筑下，这些都是会产生风洞效应和强烈涡流等问题的位置。

另外，在乌鲁木齐这样的寒地城市，冬季漫长，居民在室内开窗通风的时间很短，容易造成室内症，导致免疫力的下降，所以在小区布局时要考虑室内通风，适应寒地城市气候，创造舒适的室内空间。

可见，寒地城市的气候对居住区外环境具有一定的影响，而寒地城市居住区外环境设计就是要适应寒地气候，化不利条件为有利因素，创造良好的小气候环境，从而延长户外活动期，提高户外环境利用率，并要积极创造条件开展冰雪活动，弘扬冰雪文化（见图 2-1），从而更加突出寒地城市居住区外环境景观的冰雪特色。

图 2-1 雪雕、雪人等冰雪文化

3 寒地城市典型居住区交往空间的调研

3.1 调查研究的内容和方式

3.1.1 调研内容

调研的主要内容包括：

（1）在冬季时间内选取乌鲁木齐市的红十月花园小区、幸福花园小区和锦福苑3个居住区进行调研，对住区内人们之间的交往活动进行观察和记录。其中交往活动方式包括休息、聊天、散步、锻炼等，调研的具体内容包括居民在小区内户外活动空间进行交往活动的时间、频率和方式，交往的对象和程度，交往活动特点，对本小区交往空间的感受、需求及建议等。

（2）向居民发放小区居民交往空间调查表，了解居民对本小区冬季交往空间的满意程度和意见。分析影响居民交往活动的因素，并总结出该住区交往空间建设现存问题并探寻解决方案。

3.1.2 调研方法

针对乌鲁木齐市冬季邻里交往活动及交往空间这一论题，笔者采用问卷、访谈、行为观察三种模式，于2012年2~3月对乌鲁木齐市的3个较为典型的小区进行了调查，其中选取红十月花园小区、幸福家园小区和日月星光小区作为重点调查对象，为本书后续章节的研究提供依据。

（1）问卷调查。选取乌鲁木齐市的红十月花园小区、幸福花园小区和锦福苑三个住区进行抽样问卷调查，每个住区抽样25~30份，分别邀请不同年龄段和不同出行方式的居民进行答卷，最后汇总整理分析。

（2）访谈。居民是小区交往空间的使用者，也是最有发言权的人群，访谈调查通过与活动人群聊天、对话的形式，深入了解居民对于本小区交往空间的需求和建议。

（3）行为观察。本次调查选取乌鲁木齐市3个典型的居住区——红十月花园小区、幸福花园小区和锦福苑小区，时间段为9:00到19:00的持续行为观察，旨在了解本小区居民一天当中的交往方式、行为特点和交往场所。

3.1.3 调研对象

人群调研对象主要为乌鲁木齐城市住区居民，各个年龄段的人群分别占一定比例。采用问卷调查和个别访谈的形式，共发放问卷 100 份，选点见表 3-1 所示。

表 3-1 居住区调研情况明细表

调研对象	住宅形式	宅间类型	开发类型	调查类型
红十月花园小区	多层、中高层	行列式	商住	典型调查
幸福花园小区	多层、中高层	围合式	商住	典型调查
日月星光小区	多层	围合式	商住	典型调查
锦福苑小区	多层、中高层	行列式	商住	一般调查

3.2 红十月花园小区冬季交往空间的调研

3.2.1 小区基本情况

小区基本情况如下：

（1）本次调查选取的红十月花园属于新疆广汇房地产开发，是其在乌鲁木齐市开发的较大的居住小区之一，小区的占地面积大约 55 万平方米，可入住人口 7.23 万人，绿地面积占总面积的 35%，入住居民来自各个行业，人口结构、年龄构成都不相同，是典型非均质人群。

（2）调研地点选取在红十月花园小区的东二区，平面如图 3-1 所示。入口中心是一个入口广场，附近配有商铺和休息健身设施，周围由 6 个居住组团围合，每个组团中心都有中心景观和健身设施，整体上属于行列式加院落式布局，调研中选取了 6 个观测点，编号为 A~F。

3.2.2 居民交往行为的观察记录

居民交往行为的观察记录如下：

（1）观察时间：2020 年 2 月 26 日，星期日，14:00~19:15；2020 年 3 月 3 日，星期六，10:00~12:30。

（2）活动的人群：中午时分天气较好的时候在户外进行活动的人很多，但逗留时间最长的人群以老年人和带着儿童的父母为主。

（3）活动的方式及地点：在下午结束时分，散步开始之际，参加的人数并不多，主要是带孩子的父母和老人，他们在广场上四处遛达。随着夜幕降临，来的

图 3-1　红十月花园小区东二区平面意向图

人逐渐增多。这时小孩和老人便先后离去。然后，随着人越来越多，许多中年人和其他一些人也开始离开这片喧哗之地。待到天已黑尽，中心广场上最热闹之时，实际上就只有城中的年轻人仍聚集在广场上游玩。由于天气较冷，停留性活动时间一般少于10min，最长为15min，主要集中在14:00到16:00阳光充足的时候，出入等通过性活动的时间一般是2~3min。

(4) 交往行为特点：在调查的范围内，大部分居民选择在阳光可以照射到的健身器材处活动，活动的主要方式为一边健身，一边聊天，很多居民还带着孩子，孩子们在这一片场地上自由活动，如图3-2所示。另外入口商铺附近也是居民比较集中的场所，主要活动方式是商业活动和通过性活动，如图3-3所示。

3.2.3　访谈记录

作者在调研时与该小区居民聊天（大多是60岁左右的老年人），讨论到居住区的交往空间环境，被访者提出了很多这些空间存在的缺点，并很热心地提出了自己的改进意见，经过笔者整理，主要包括以下几个方面：

(1) 冬季可供活动的空间太少，且形式单一。虽然中央广场占地比较大，

图 3-2 健身器材处的活动人群

图 3-3 商铺附近的活动人群和空旷的广场

但是广场的活动设施太少，设置的座椅由于没有遮蔽在冬季几乎无法使用。活动空间少挫伤了居民外出积极性，有时居民会选择绕着房子散步，很多老年人选择了在家里或棋牌室等室内进行活动，大部分的年轻人交往活动更少，有人甚至不认识自己隔壁邻居。调查还表明，人们对街道本身形形色色的人的活动有更大的兴趣。因此，各种形式的人的活动应该是最重要的兴趣中心。

（2）居住区道路存在着安全隐患。居民反应如下：小区门口即是城市主干道，平时这条路上车流量很大，带孩子玩耍时有时孩子跑出小区会有危险，家长们都很不放心。另外，小区内的道路是人车混行，近年来私家车的持有量日渐上升，由于没有地下停车场，车辆随意摆放占用人行道路的问题经常出现，据一位健身的大妈说，仅在去年就发生过 2 次玩耍儿童差点被车辆撞伤的事故。

（3）住区内很少有集体活动，住区缺乏凝聚力。其实小区有很多空巢老人，他们都希望住区可以定期组织集体活动。有一位大妈告诉笔者，今年过年的时候有一位阿姨早晨自带录音机在入口广场上做拍手操，很多人都先后加入，每天固定时间大家就会在那里集合，一星期过后队伍竟发展到二十多人，大家其乐融融，后来这位阿姨搬走后，锻炼人群也就纷纷散去，很多人都很怀念那几个星期大家一起做操的日子。

(4) 健身器材不满足需求，且分布过于集中在中心广场附近，其他组团活动场地中只有2个地方摆放有少数的健身器材。一位健身的大妈告诉我们说，她的住宅楼位于小区内部，平时要绕过好几个组团才能到达健身器材处，喜欢玩这些器材的她只有外出时路过广场空间的时候才会使用一会器材，平时更愿意选择在楼下的座椅附近和同楼的几个老伙伴聊天。

(5) 树木大多都被种植在小区绿地中，而由于不能践踏草坪无法利用树木，建议在小区道路两边多种一些行道树，美化小区环境。

3.2.4　对其交往空间的评价

通过对该小区实地的观察，以及和小区居民的访谈，对该小区交往空间分析如下：

(1) 交往空间的成功之处：

1) 小区入口设有廊道的广场让人视野辽阔，来到这里不会有压抑感，如图3-4所示；

2) 居住区布局形式的围合形成了比较私密的空间，给居民以归属感，如图3-5所示；

3) 几处健身器材的选址都在向阳和避风处，提高了这些设施的使用频率；

4) 每一个组团都有各自的风格迥异的景观设施，让小区充满活力，如图3-6所示。

图3-4　组团中的景观设施

图 3-5　小区入口广场

图 3-5　小区入口广场

图 3-6　晒太阳的人群

（2）交往空间的不足之处：

1）广场等硬质铺地的面积较大，但缺乏休息设施，广场上的石凳到了冬天就无法使用了；

2）由于冬季寒冷，入口处的屋檐结的冰柱存在安全隐患，如图 3-7 所示；

3）小区道路是人车混行，交通安全存在隐患，如图 3-8 所示；

4）因为管理问题，有两个组团内的卫生情况较差，经常出现垃圾在绿地上堆放的情况，如图 3-9 所示；

5）小区经常出现停放车辆占用道路的问题。

（3）社区的公共设施配置情况：基于社区居民对所在社区公共服务设施的需求，对该住宅区进行现状调研，同时了解社区的设施优劣程度和社区居民对公共服务设施的期望，见表 3-2。

图 3-7 存在安全隐患的冰柱

图 3-8 影响环境的垃圾

图 3-9 乱停放的车辆

表 3-2 红十月花园小区公共设施现状

功能分类	设施内容	设施状况		
		建筑状况	使用状况	使用性质
行政管理	社区服务站	A	B	未改变
	居民委员会及物业中心	C	B	未改变
金融电邮	银行	B	C	未改变
文化体育	健身房	B	C	未改变
医疗卫生	卫生服务站	C	A	未改变
商业服务	快餐店	C	B	未改变
	杂货店	A	B	未改变
	超市	B	C	原是住宅
	汽车修理	B	C	原是仓库
	小餐馆	C	A	原是住宅
	理发店	C	B	未改变
	通信器材	A	B	未改变
	建材店	B	B	未改变
	足浴店	B	C	未改变
	药店	B	C	未改变
	菜市场	C	B	未改变
	点心店	C	B	未改变
	烟酒小店	A	C	未改变
	服饰店	C	C	未改变
社区服务	美容会所	A	A	未改变
	健身房	C	B	未改变
市政公用	自行车库	B	B	未改变
	社会停车场	C	A	未改变
	公交站	B	B	未改变
	垃圾箱	C	B	未改变
教育	幼托	A	B	未改变
	小学	A	B	未改变

注：A 代表理想情况；B 代表一般；C 代表有待改进。

3.3 幸福花园小区调研

3.3.1 小区基本情况

小区基本情况如下：

(1) 幸福花园小区是新疆宏大地产项目之一，小区的占地面积大约

$24hm^2$，可入住居民大约3万人，绿地面积占总面积的35%。入住居民来自各个行业，人口结构、年龄构成都不相同，也包括小部分的拆迁户，属于典型非均质人群。

(2) 调研空间是小区中由19栋单元楼围合的院落空间，空间平面见图3-10所示。中间是一个幼儿园，附带一些商业设施。院落中采用人车混行的交通方式。为方便研究在行为观察中设置A~E 5个观察点。

图3-10 幸福花园小区平面意向图

3.3.2 交往行为观察记录

交往行为观察记录如下：

(1) 观察时间：由于居民活动类型的多种多样，而且在不同的时间段活动特征也表现出不同，本次调查选取了一个工作日和一个周末进行观察，分别是：2020年2月17日，星期五，11:00~18:00；2020年2月18日，星期六，11:00~17:45。

(2) 活动的人群：大部分居民都会在户外进行活动，但逗留时间最长的人群以老年人和带着儿童的父母。

(3) 活动的方式及地点：行为观察记录见表 3-2。由于天气较冷，停留性活动时间一般少于 10min，最长为 15min，主要集中在 14: 00 到 16: 00 阳光充足的时候，出入等通过性活动的时间一般是 2~3min。

3.3.3 交往活动行为总结

入口处发生各类出入行为，见面相互打招呼，有时候会停留寒暄，但是发生时间不集中，另外小区入口处有一些商业设施，在这里发生一些日常活动，如天气好的时候在这里晒太阳，在小卖部买东西，熟人遇见后打招呼，如图 3-11 所示。

图 3-11 晒太阳的老人

并且由此衍生出其他的活动行为，如聊天、看风景、下棋。中间幼儿园门前有一块交往活动场地，里面除了设有健身器材，如图 3-12 所示，还有少数座椅，虽然空间较开阔，但是缺乏情趣。南边是有一排绿化，其他方向没有遮挡，具有较好的视线通透性，但由于这个位置处于风口，同时离小区主干道有一定的距离，受到气候和可达性的影响，来这里活动的人比较少，并且持续时间也不长，一般是 10~20min。

3.3.4 访谈记录

通过与居民的交谈，总结该小区居民对交往空间的意见：

(1) 调查还表明，人们对街道本身形形色色的人的活动有更大的兴趣。因此，各种形式的人的活动应该是最重要的兴趣中心，调查还表明，人们对街道本身形形色色的人的活动有更大的兴趣。因此，各种形式的人的活动应该是最重要的兴趣中心。而本小区缺少交往活动的场地，虽然小区中心有特色廊道和各个组

图 3-12 健身的居民

团之间都有健身器材，但利用率很低，主要原因如下：1）设施数量不足且种类单调乏味，缺乏吸引力，不能促使居民在此地逗留。2）下雪天积雪堆积在活动设施上面，又没有及时打扫，使得活动的居民无法到达那些场地。

（2）本小区有一部分拆迁返迁户，拆迁以前多是一个院子的，据这部分居民反映，相比拆迁以前的大杂院，现在居住的环境是好很多，各个配套设施也变得先进，但是邻里之间的亲和感在下降，尤其对老年人而言，在明亮的新居里却无事可做，楼下的活动空间又很少，平时的户外活动就是在楼下遛弯或者坐在椅子上，如图 3-13 所示，曾经的老伙伴们也疏于走动。

图 3-13 廊道里活动的人们

（3）院落中活动设施单调且在冬季都被闲置。院落中本来活动设施就不多，一般是健身器材和休息的座椅，下雪天积雪堆积在活动设施上面，又没有及时打扫，活动的居民无法到达那些场地。

（4）灯具布置不合理。冬季天色在晚上七八点的时候就暗下来，再加上乌鲁木齐冬季频繁的降雪，路面湿滑会让行人没有安全感，夜间的照明就显得很重要，小区的入口处夜间灯火辉煌，但进入小区内部，在组团和院落中间，灯光比较暗，不方便居民的出行。

（5）院子里摆放的可供休息的坐椅太少，仅在园中小路和广场上放置了一些，当天气好或者周末的时候出来活动人多，不能满足使用需要，常有人因为找不到晒太阳的地方而放弃活动。且有的石材做的长椅在冬季过于冰冷，座椅高度也不符合人体尺度，坐下时感觉极不舒服。

3.3.5 对其交往空间的评价

通过对本小区实地的观察，以及和小区居民的访谈，对该小区交往空间分析如下：

（1）交往空间的成功之处：

1）小区有很多人性化设计，比如单元入口处都会有简易的休息设施，方便老年人的使用。

2）通常活动场地周围都配有座椅，并且视线相通，便于家长看护儿童。

3）几处健身器材的选址都在向阳和避风处，提高了这些设施的使用频率。

（2）交往空间的不足之处：

1）小区是行列式布局，缺乏围合感，每栋楼的颜色和体形特征相似，对于陌生访客难于辨认如图 3-14 所示。

图 3-14　小区入口

2）小区道路是人车混行，交通安全存在隐患，如图 3-15 所示。

3）下雪天气健身设施周围堆满积雪，无法使用，如图 3-16 所示。

4）小区经常出现停放车辆占用道路的问题，如图 3-17 所示。

5）很多休息设施在冬天都废弃了，不能使用，如图 3-18 和图 3-19 所示。

图 3-15 车辆乱停放

图 3-16 废弃的活动设施

图 3-17 车辆占用健身器材场点

图 3-18 废弃的休息设施

图 3-19 单元入口的休息设施

6）通过幸福花园小区公共设施现状（见表 3-3），可以看出，小区的公共设施较全面。设有社区服务站，居民委员会兼物业中心，小区周边设有银行、健身会所、以及医疗卫生服务站、药店，饰品店，菜市场等，基本可以满足小区居民的日常生活。此外商业服务也较全面，有快餐店、杂货店和一家小卖部，下班的时间点小卖部，菜市场，光顾的居民很多。

表 3-3 幸福花园小区公共设施现状

功能分类	设施内容	设施状况		
		建筑状况	使用状况	使用性质
行政管理	社区服务站	A	B	未改变
	居民委员会及物业中心	C	B	未改变

续表 3-3

功能分类	设施内容	设施状况		
		建筑状况	使用状况	使用性质
金融电邮	银行	B	B	未改变
文化体育	健身房	B	B	未改变
医疗卫生	卫生服务站	C	C	未改变
商业服务	快餐店	C	C	未改变
	杂货店	A	A	未改变
	小超市	B	B	未改变
	汽车修理	B	B	未改变
	小餐馆	C	C	未改变
	理发店	C	C	未改变
	通讯器材	A	A	未改变
	建材店	B	B	未改变
	足浴店	B	B	未改变
	药店	B	C	未改变
	菜市场	C	C	未改变
	点心店	C	B	未改变
	烟酒小店	A	C	未改变
	饰品店	C	C	未改变
社区服务	美容会所	A	A	未改变
	健身房	C	B	未改变
市政公用	自行车库	B	B	未改变
	社会停车场	C	A	未改变
	公交站	B	B	未改变
	垃圾箱	C	B	未改变
教育	幼托	A	B	未改变
	小学	A	B	未改变

注：A 代表理想情况；B 代表一般；C 代表有待改进。

3.4 日月星光花园小区调研

3.4.1 小区基本情况

小区基本情况如下：

(1) 本小区是广汇地产开发的商业住宅小区，2000 年入住，居民来自各行各业，是一个典型的非均质的人口小区，邻居彼此并不认识。

(2) 调研空间是由 14 栋单元楼围合的院落空间，平面如图 3-20 所示，在行为观察中设置 A~F 6 个观察点。

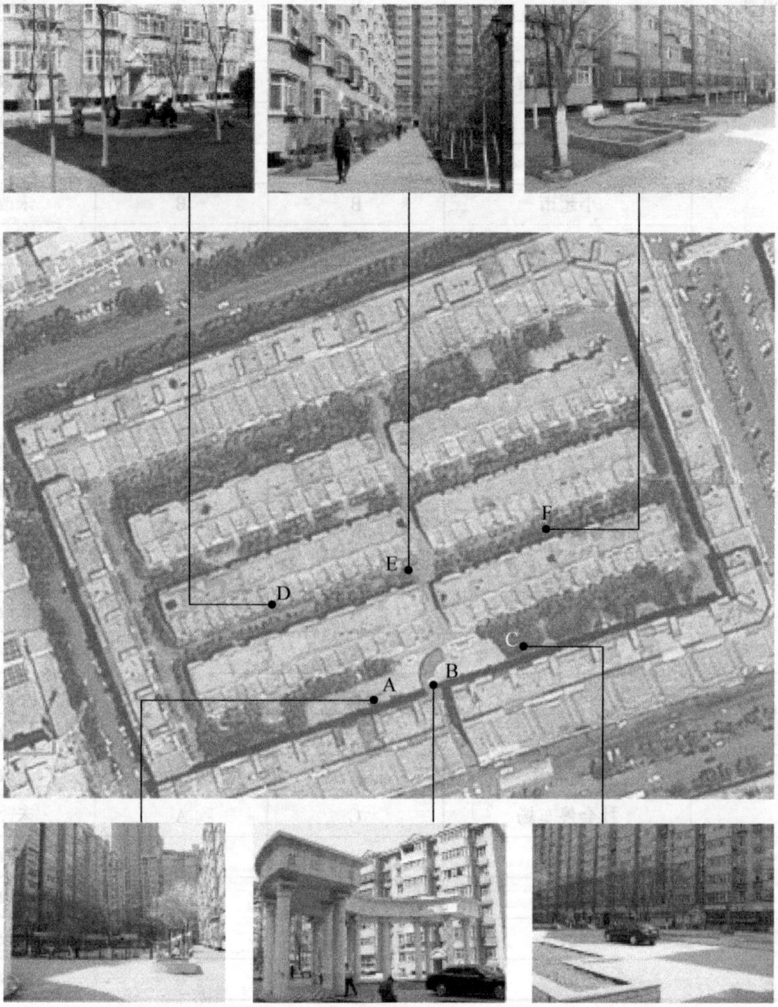

图 3-20 日月星光花园小区平面示意图

3.4.2 交往行为观察记录

交往行为观察记录如下：

(1) 观察时间：2020 年 9 月 18 日，星期四，8:30~18:30；2020 年 11 月 5 日，星期二，11:00~18:00；2021 年 1 月 7 日，星期二，11:00~17:45。

(2) 活动方式：

1) 入口。在入口处出入人流车流较多，很多人停放私家车，由于入口处有一些商业设施，天气好的时候人气也比较聚集，如图 3-21 所示。

图 3-21 入口活动人群

2) 中心活动场地。中心活动空间有一块小型的儿童活动场地、一片健身设施场地和小型轮滑场，与小区道路只有一条绿化带隔离，可达性很强，如图 3-22 所示。活动场地旁边布置有 4 个座椅，可供看护小孩子的大人使用，场地上有滑梯和跷跷板等儿童活动设施，但是这些设施在冬天的时候无法使用。由于处在向阳的方位，周围的树木夏日时节枝叶茂盛，可以遮阳，冬天的时候树叶落光，不会挡住晴朗天气的阳光，这一块地区可以获得充足的阳光照射，在晴朗天气的时候交往活动非常频繁，很多人都喜欢在这片地区活动，活动人群一般为2~5 人，活动的行为有做游戏、看报纸、聊天、晒太阳等，如图 3-23 所示。

图 3-22 丰富的活动场地

图 3-23 游戏中的儿童

3）道路交往空间。由于该住区居民以租房者和老年人居多，机动车辆较少，对于住区的干扰也比较少，由于两边都种植着高大的树木，夏天时候可以形成林荫道，可以增强居民的领域感和归属感。道路上的活动主要以通过性的必要活动为主，也有少部分的自发性活动，一般靠近住宅楼和道路转弯处交往的人会比较多。在调查过程中发现，很多儿童放学后都喜欢在道路上玩耍，因为儿童活动随机性比较大，不会每次都固定在同一地点活动，另外在道路上遇到其他儿童的机会也比较多，可以招呼其他的儿童一起参与进来。

（3）活动人群。在此邻里空间中有各年龄段的住户，大家其乐融融，没有主次的差别。

3.4.3 访谈记录

笔者与居民谈论时，不同年龄层次的居民反映不尽相同，其中老年人对交往环境有着更多的体会，年轻人则比较少。经笔者整理主要有以下几点：

（1）小区环境本来很好，但是近年来商业场所增多，比如茶馆、麻将馆、美容院等，导致后果是：1）外来不明身份人员增多，居民的安全感受下降；2）麻将馆经营到太晚，吵到居民的休息。

（2）室外的坐椅太少，缺少可以休息的地方；设计的娱乐配套设施装饰性强但实用性差，利用率低。

（3）缺乏针对老年人的活动设施和场地，尤其是大风或者下雪的天气更是无处可去。

（4）居民之间很多都不认识，主要原因：1）年轻的住户早出晚归忙于工作，邻里之间很少有机会了解；2）院里人员复杂，安全性较差，居民反映平时在家都不敢随便开门，因此缺乏社会交往。老年人对此的感受尤为强烈。

(5) 年轻人反映很少在住区内活动，认为平时周末或者空闲，要么在家看电视、上网，要么出去玩，这院子里没什么好玩的。

3.4.4 对其交往空间的评价

通过对本小区实地的观察，以及和小区居民的访谈，对该小区交往空间分析如下：

(1) 交往空间的成功之处：

1) 小区整体布局采用围合式结构，容易形成强烈的归属感。

2) 整体景观经过精心设计，每一个组团都有各自的风格迥异的装饰设施，让小区充满活力，如图 3-24 所示。

图 3-24 轮滑场边的建设设施

3) 小区物业管理全面，街道卫生、绿化护理工作都很细致。

4) 小区交往活动设施种类丰富，满足不同年龄层次居民的不同需求，通常活动场地周围都配有座椅，并且视线相通，便于家长看护儿童，如图 3-25 所示。

图 3 25 单元入口自带的板凳

5）几处活动场地和健身器材的选址都在向阳和避风处，提高了这些设施的使用频率。

6）道路上采取人车部分分行，车辆不会进入到组团内部的道路，一定程度上保证了活动的安全性，如图 3-26 所示。

图 3-26　人车分行的道路

（2）交往空间的不足之处：

1）设计的娱乐设施装饰性强但实用性差，尤其在冬季，利用率低。

2）缺乏针对老年人的活动设施和场地，尤其是大风或者下雪的天气更是无处可去。

公共服务设施现状见表 3-4。

表 3-4　日月星光小区公共设施现状

功能分类	设施内容	设施状况		
		建筑状况	使用状况	使用性质
行政管理	社区服务站		B	未改变
	居民委员会及物业中心		B	未改变
金融电邮	银行	A	B	未改变
文化体育	棋牌室	B	B	原是超市
医疗卫生	卫生服务站	B	A	未改变
商业服务	小吃店	B	C	未改变
	杂货店	C	B	未改变
	小超市	C	B	未改变
	汽车修理	A	C	未改变
	小餐馆	C	C	未改变
	理发店	C	A	未改变

续表 3-4

功能分类	设施内容	设施状况		
		建筑状况	使用状况	使用性质
商业服务	通信器材	A	B	未改变
	建材店	B	B	未改变
	理发店	B	B	未改变
	药店	B	C	未改变
	菜市场	C	C	未改变
	点心店	C	B	未改变
	烟酒小店	A	C	未改变
	饰品店	C	C	未改变
社区服务	美容会所	A	A	未改变
	健身房	C	B	未改变
市政公用	自行车库	B	B	未改变
	社会停车场	C	A	未改变
	公交站	B	B	未改变
	垃圾箱	C	B	未改变
教育	幼托	A	B	未改变
	小学	A	B	未改变

注：A 代表理想情况；B 代表一般；C 代表有待改进。

3.5 交往空间使用情况的问卷调查

3.5.1 调查问卷的基本情况

此次共发放调查问卷 120 份，有效回收 109 份，发放问卷地点在乌鲁木齐红十月花园小区、幸福花园小区和日月星光小区内，是为了更加全面细致地了解乌鲁木齐城市居民的交往情况，见表 3-5。

表 3-5 调研人数情况一览表

居民类型	问卷调查		个别访谈
	发放/回收	回收率	
老年人	49/54	90.7%	12
中年人	31/34	91.2%	7
青年人	15/18	83.8%	3
少年儿童	14/14	100%	3
共计	109/120	90.8%	25

3.5.2 调查问卷的统计结果及分析

3.5.2.1 调查对象的基本情况

A 年龄

调查问卷的结果（见图 3-27）表明，20 岁以下的居民 14 人，占调查总数的 12.8%；20~40 岁的 15 人，占调查总数的 13.7%；40~60 岁的居民 31 人，占调查总数的 28.4%；60 岁以上的居民 49 人，占调查总数的 44.9%。这说明调查的对象主要以老年人为主。

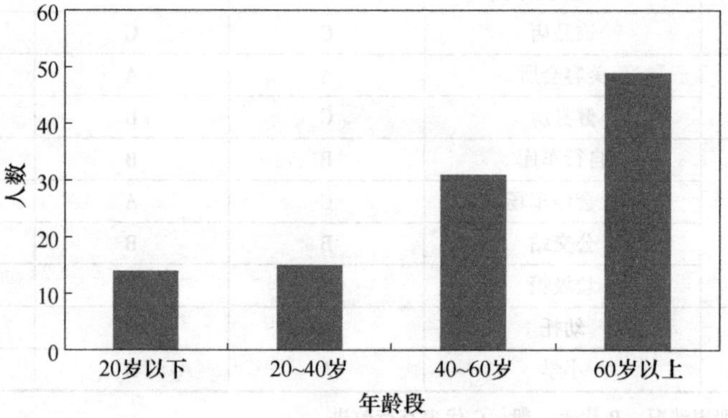

图 3-27 调查对象年龄分布

B 家庭成员

调查问卷结果（见图 3-28）表明，单身居住的 23 人，占调查总数的 21.1%；两代居住的 61 人，占调查总数的 55.9%；三代同堂的 23 人，占调查总数的 21.1%；四代同堂的 2 人，占调查总数的 1.8%。

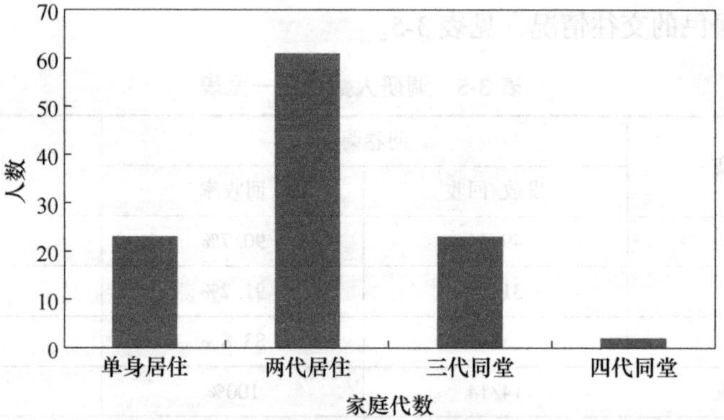

图 3-28 家庭成员情况分布

3.5.2.2 冬季居民交往的频率

A 冬季出门或者下楼活动情况

调查问卷结果（见图3-29）表明，经常的8人，占调查总数的7.3%；一般的16人，占调查总数的14.7%；很少的63人，占调查总数的57.8%；基本不的有22人，占调查总数的20.1%。由此结果得出，居民参与交往的频率比较低，大部分都是很少参加，但从不参加的居民也很少。

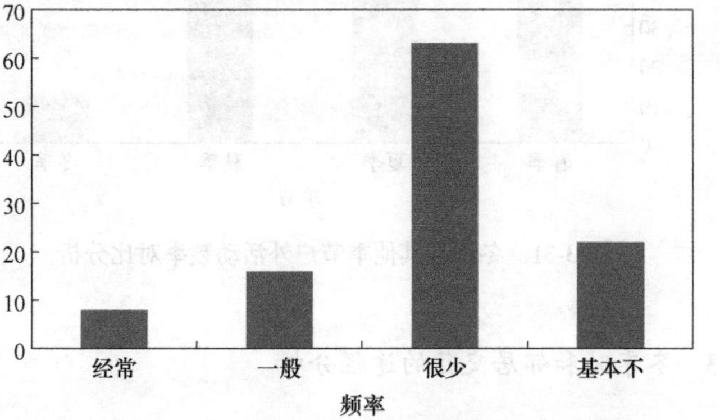

图3-29 冬季是否经常出门或者下楼活动的调查结果

B 春秋夏季出门或者下楼活动情况

调查问卷结果（见图3-30）表明，经常的19人，占调查总数的17.4%；一般的48人，占调查总数的44%；很少的34人，占调查总数的31.2%；基本不的人数有8人，占调查总数的7.3%。由此结果得出，居民参与交往的频率比较低，大部分都是很少参加，但从不参加的居民也很少。

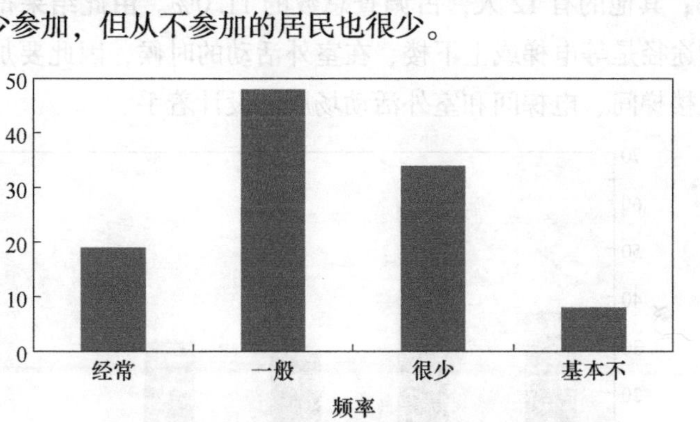

图3-30 春秋夏季是否经常出门或者下楼活动的调查结果

C 冬季与其他季节户外活动频率对比分析

调查问卷结果（见图3-31）表明，春季、夏季和秋季进行交往行为的居民比较多，但到了冬季，就只有 11 人表示会经常进行交往活动，人数远远低于其他季节，说明冬季的交往活动与其他季节相比，频率很低。

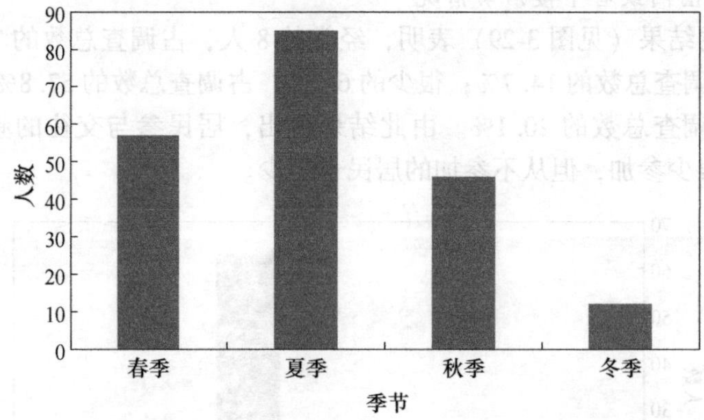

图 3-31 冬季与其他季节户外活动频率对比分析

3.5.2.3 冬季时和邻居交往的途径分析

图 3-32 所示的调查问卷结果表明，有 37 人会在等候电梯或上下楼时与邻居交往，占调查总数的 33.9%，说明楼梯和电梯前室是容易发生交往的地方，因为人们在这些地方的活动较频繁；有 60 人会在室外活动时（散步、锻炼、娱乐时）认识邻居，占调查总数的 55.0%；有 32 人通过物业管理人员，遛狗等，占调查总数的 29.3%；由 31 人参加住区聚会或通过家庭其他成员认识邻居，占调查总数的 28.4%；其他的有 12 人，占调查总数的 11.0%。由此结果得出，居民之间认识最多的途径是等电梯或上下楼、在室外活动的时候，因此要加强邻里之间的交往可以从楼梯间、电梯间和室外活动场所的设计着手。

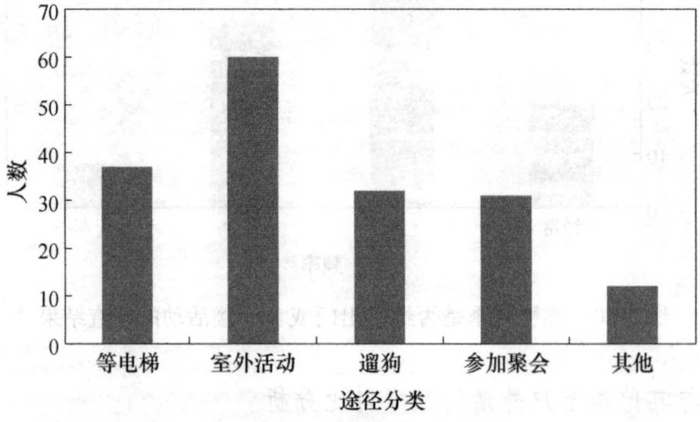

图 3-32 冬季时和邻居交往的途径分析

3.5.2.4 冬季时同邻居交往发生的场所

图3-33所示的调查问卷结果表明，发生场所在电梯厅、电梯内或楼梯间的有49人，占调查人数的44.9%；发生场所在室外活动场地的有67人，占调查人数的61.4%；说明居民通常不喜欢独自活动，外出活动除了舒展筋骨之外，更重要的是和邻居们聊聊天，放松下心情；发生场所在小区会所的有37人，占调查人数的33.9%，尤其在冬天室外比较寒冷的时候，在会所里活动是很多人的选择；发生场所在彼此家里的有33人，占调查人数的30.3%；其他的有28人，占调查人数的25.7%。

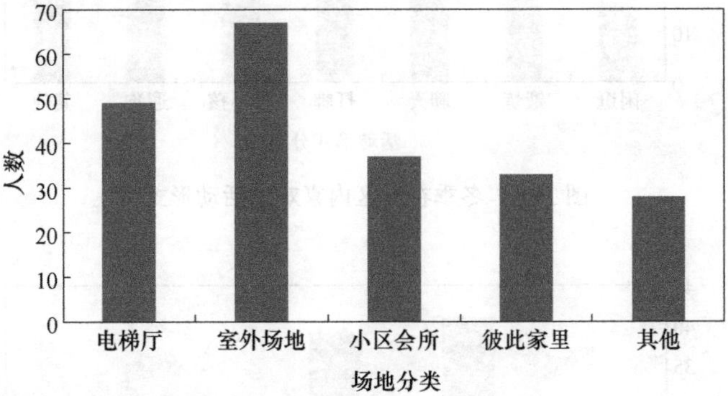

图3-33 冬季时同邻居交往发生的场所

3.5.2.5 冬季在社区内喜欢的活动形式

图3-34所示的调查问卷结果表明，平时喜欢闲逛的有53人，占调查人数的48.6%；会经常参加锻炼的有63人，占调查人数的57.8%；喜欢找人聊天的有39人，占调查人数的35.7%；喜欢与邻居打牌、下棋的有42人，占调查人数的38.5%；经常带小孩玩的有24人，占调查人数的22.0%，一般以老年人居多，周末的时候也有很多年轻的父母会带小孩出来玩；会饲养宠物并且经常进行遛狗活动的有22人，占调查人数的20.1%；其他的有25人，占调查人数的22.9%。由此结果得出，喜欢闲逛和锻炼这两种活动方式的人比较多，也是容易产生交往行为的两种活动方式。

3.5.2.6 冬季一般交往活动的方式

图3-35所示的调查问卷结果表明，一般单独行动的有12人，占调查人数的11.0%；和家人一起的有41人，占调查人数的37.6%；和几个朋友一起的有39人，占调查人数的35.7%；参加群体活动的有10人，占调查人数的9.2%；无所

谓的有7人，占调查人数的6.4%。由此结果得出，大部分居民会选择和家人或者朋友一起活动，选择单独行动的占少数，并且在调查中很多居民表示更愿意选择群体活动，但是没有太多群体活动的机会。

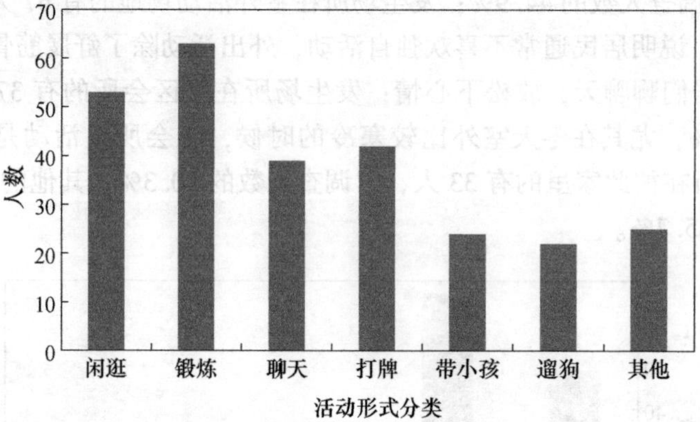

图3-34 冬季在社区内喜欢的活动形式

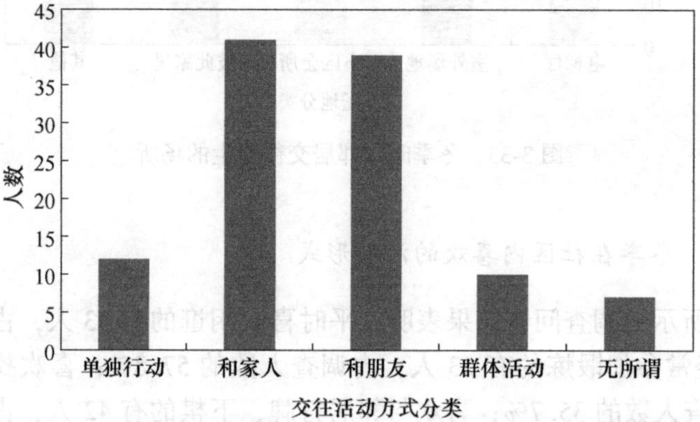

图3-35 冬季一般交往活动的方式

3.5.3 本章小结

本章首先介绍了调研的方式和方法，然后主要针对乌鲁木齐城市红十月花园、幸福花园和日月星光3个居住区进行了冬季交往行为的观察，并进行了访谈和调查问卷调查，并对调查结果进行分析和评论，总结出目前乌鲁木齐居住区冬季交往空间存在的几个问题，为后续章节中交往空间的设计策略提供依据。

4 信息化技术在住宅交往空间设计中性能分析的方法研究

建筑学是科学与艺术的结合。近年来，建筑设计领域，图纸的表现和发展经历了从传统的手绘二维图纸→静态的平面表现→动态的三维表现这些过程。信息技术的应用，对建筑设计也带来新的挑战和思考，近年来随着软硬件技术的发展及市场的需求，涌现出的 VR、AR、HR、非线性建筑，集成化运算、参数化、智能化等概念在住宅设计理论中得到了广泛的关注。这是一个从静态转向动态，从低维向高维过渡的过程。信息化以其独特的魅力覆盖了建筑设计的全阶段，使得建筑设计更加直观高效。

本章内容用信息化技术性能分析的方法，从建筑物理环境模拟入手，探索交往空间的设计。从概念规划阶段到方案设计及深化阶段，对寒地城市的地形、气候条件进行科学的量化分析，制定系统的性能分析工作流，结合建筑设计的信息累计过程，实时性能模拟分析，辅助建筑师在设计过程中定量、定性分析结合应用，便于作出更科学的节能设计决策。

4.1 交往空间 BIM 建模技术方法研究

4.1.1 BIM 技术概述

BIM 的英文全称是 building information modeling，国内较为一致的中文翻译为建筑信息模型。BIM 最早的权威定义来自于美国国家 BIM 标准（The National Building Information Modeling Standards Committee ，NBIMS）给出了第一个 BIM 的定义如下：从 BIM 设计过程的资源、行为、交付三个基本维度，给出设计企业的实施标准的具体方法和实践内容。BIM（建筑信息模型）不是简单地将数字信息进行集成，而是一种数字信息的应用，并可以用于设计、建造、管理的数字化方法。这种方法支持建筑工程的集成管理环境，可以使建筑工程在其整个进程中显著提高效率、大量减少风险。住房和城乡建设部工程质量安全监管司处长对 BIM 作出了解释：BIM 技术是一种应用于工程设计建造管理的数据化工具，通过参数模型整合各种项目的相关信息，在项目策划、运行和维护的全生命周期过程中进行共享和传递，使工程技术人员对各种建筑信息作出正确理解和高效应对，为设计团队以及包括建筑运营单位在内的各方建设主体提供协同工作的基础，在提高生产效率、节约成本和缩短工期方面发挥重要作用。

4.1.2 BIM 技术设计软件的特点

4.1.2.1 操作可视化

BIM 软件设计的成果是在三维空间建立起来的信息化模型，模型中每个构件都有丰富的信息，这样可以将复杂的构造节点全方位呈现[22]，比如复杂的钢筋节点、幕墙节点等，这些信息以数字化的形式记录在模型的数据库中随时被调用和共享，各专业模型组装为一个整体 BIM 模型，各类管线与建筑物的碰撞点以三维方式直观显示出来，从而缩短设计与施工时间表，显著降低成本，如图 4-1 所示。

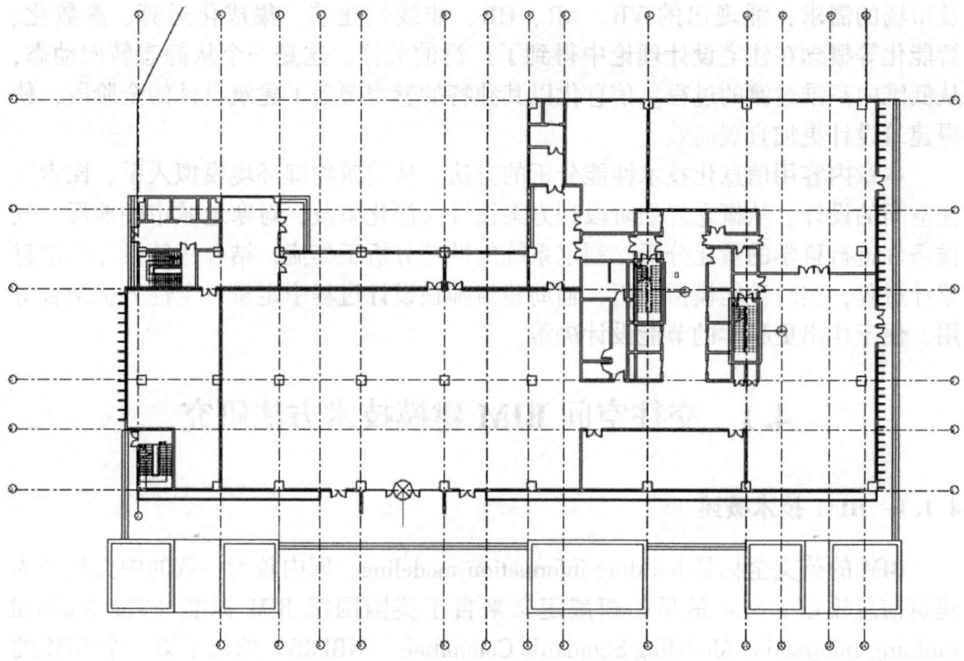

图 4-1 某建筑 BIM 信息模型平面图

4.1.2.2 信息关联性

BIM 软件所有信息都可以建立实时性的关联，使建筑、结构、给排水、空调、电气等各个专业基于同一个模型进行工作，将整个设计整合到一个共享的建筑信息模型中，对建筑设备空间是否合理进行提前检验[23]，各个专业图纸层层联动，从而避免了传统图纸中牵一发而动全身的改动上的烦琐。例如，“参数化图元”指 BIM 中的图元是以构件的形式出现，这些构件之间的不同，是通过参数的调整反映出来的，参数保存了图元作为数字化建筑构件的所有信息；而“参数化修改引擎”指参数更改技术使用户对建筑设计或文档部分作的任何改动，都可以自动在其他相关联的部分反映出来，也保证了模型的高度统一性和准确性，大大节约了时间和人力成本，如图 4-2 所示。

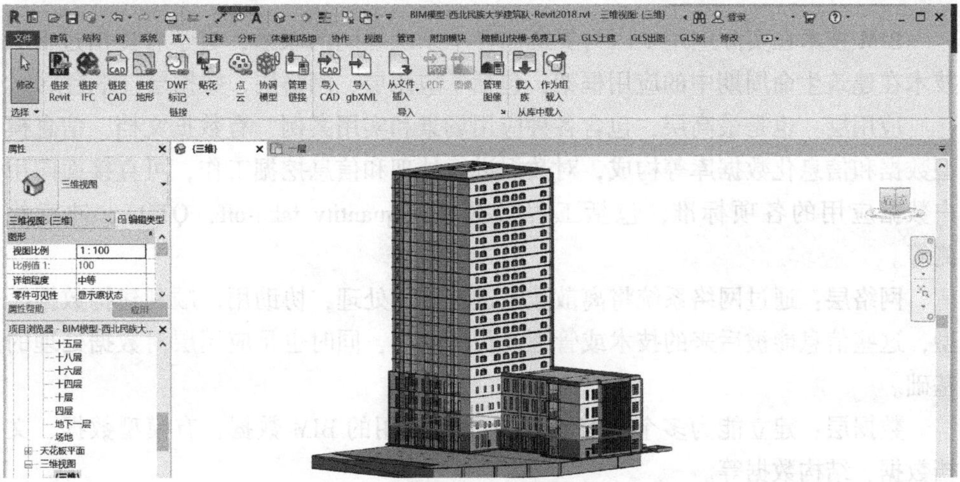

图 4-2 某建筑 BIM 信息模型三维图

4.1.2.3 团队协调性

BIM 软件可以实现整个项目生命周期的可视化模拟与可视化管理；BIM 软件的模型可导入各种计算、模拟、分析的软件中，能够支持大量分析软件，通过对模型的分析得出项目相关的信息。实现“EML”，即 extensible markuo language，可以同步提供有关建筑质量、进度以及成本的信息。利用软件技术对项目的设计、施工、运营提供信息化系统。此外，BIM 还可实现各专业的碰撞，比如检查建筑与结构图纸中的标高、柱、剪力墙等的位置是否一致等，各专业与管线的冲突情况，设备与室内装修碰撞，还可调整解决管线空间布局问题如机房过道狭小、各管线交叉等问题，从而打破传统的项目生命期的设计思维。

4.1.3 BIM 技术与交往空间的产品化设计

BIM 技术在建筑专业的应用中取得了较显著的成果，但对于大多设计院和施工单位来说，多停留在理论和投标阶段，实际应用上还有待提高。尤其在 BIM 技术引入我国设计行业的初期，因为其自身的局限性，实际应用中往往未能表现出建筑空间实体和建筑信息模型的关联性，因为其有限且较低的时效性的信息库数据，没有深入发掘 BIM 技术的潜力，难以达到支撑建立体系化，更难达到多专业碰撞的可能性。并且因为产品信息库的数据隔离，空间信息更加受到局限，导致信息模型多为重复性且低效率的工作。

4.1.4 BIM 技术在交往空间中的应用框架

BIM 技术在实际应用中因为要遵循各个系统之间的联系，有学者提出过 BIM 技术在建筑生命周期中的应用框架，包括了应用层、网络层、数据层、平台层。

应用层：也是最高层，包含各种应用场景和实用案例，有数据文档，信息模型数据和信息化数据库等构成，对数据进行处理和信息挖掘工作，可直接面向用户数据应用的各项标准，包括工程量提取（quantity take-off，QTO），冲突检测等。

网络层：通过网络系统将离散数据进行加工处理，协助用户顺利建构数据模型，这些信息能被后来的技术或管理人员所共享，同时也是应用层对数据处理的基础。

数据层：建立能为多个 BIM 应用软件所使用的 BIM 数据，有模型数据、文档数据、结构数据等。

平台层：是整个系统的信息平台，实现数据的保存和提取功能，包括位移、沉降、气象数据信息等，通过各类监测数据的融合处理以及现场数据的组织调用，能够创建真实的施工状态仿真与监测平台。

4.2 交往空间日照模拟方法研究

4.2.1 住宅日照的相关要求

住区日照相关要求包括住区相关生活居住类建筑日照标准及室外环境相关日照要求两个层面。其中，生活居住类建筑包括住宅、学校、幼儿园以及养老用房等，而室外环境主要包括室外场地、绿地、道路以及其他室外要素。

建筑日照标准是根据建筑物（场地）所处的气候区、城市规模和建筑物（场地）的使用性质，在日照标准日的有效日照时间带内阳光应直接照射到建筑物（场地）上的最低日照时数[23]。

日照时间和日照质量两个指标。日照时间是以该房间在规定的某一日内日照时数为计算标准。北纬地区常以太阳高度角最低的冬至日作规定日；有些地区由于气候特点，也采用其他日子作规定日。日照质量是指每小时室内地面和墙面阳光照射面积累计的大小以及阳光中紫外线的效用高低。日照标准的确定涉及因素较多，各个国家规定的标准不尽相同。1980 年，中国国家基本建设委员会颁发的《城市规划定额指标暂行规定》[24]中指出：“在条状建筑呈行列式布置时，原则上按当地冬至日在住宅底层日照时间不少于 1 小时的要求，计算房屋间距。”在确定具体的日照标准和计算房屋间距时，应考虑节约用地的原则。一般情况下，为保证必要的日照质量，日照时间应在上午 9 时至下午 3 时之间，因为冬季在这段时间的阳光中，紫外线辐射强度较高；此外，射入室内的阳光应保证具有一定的照射面积，达到满窗或半窗日照。这些要求要通过合理的住宅建筑规划和精心的住宅设计来实现。

根据国家有关规范，应满足受遮挡居住建筑的居室在大寒日的有效日照不低于 2 小时，居室是指卧室、起居室；敬老院、老人公寓等特定的为老年人服务的设施，其居住空间不应低于冬至日 2 小时的日照标准；托儿所、幼儿园的生活用房应不低于冬至日 3 小时的日照标准。中小学教学楼的教学用房应不低于冬至日 2 小时；医院病房楼的病房部分应满足冬至日不低于 2 小时的日照标准。满足以上日照要求时即视为日照不受影响。

《民用建筑设计统一标准》（GB 50352—2019）对建筑基底和建筑布局提出了日照要求。在建筑基地选取时，要求本基地内建筑物和构筑物均不得影响本基地或其他用地建筑物的日照标准和采光标准。

《住宅设计规范》（GB 50096—2011）中规定：每套住宅应至少有一个居住空间能获得冬季日照。同时，需要获得冬季日照的居住空间的窗洞开口宽度不应小于 0.60m。

在住宅日照方面，《城市居住区规划设计标准》（GB 5018—2018）有关规定：老年人居住建筑日照标准不应低于冬至日日照时数 2 小时；我国已进入老龄化社会，老年人的身体机能、生活能力及其健康需求决定了其活动范围的局限性和对环境的特殊要求，因此，为老年人服务的各项设施要有更高的日照标准，在执行此规定时不附带任何条件。在原设计建筑外增加任何设施不应使相邻住宅原有日照标准降低，既有住宅建筑进行无障碍改造加装电梯除外；旧区改建项目内新建住宅建筑日照标准不应低于大寒日日照时数 1 小时[25]；根据中国《民用建筑设计通则》（GB 50352—2005）[26]，将中国划分为了 7 个主气候区，20 个子气候区。气候Ⅰ区：严寒地区，1 月平均气温≤-10℃；7 月平均气温≤25℃；7 月平均相对湿度≥50%。气候Ⅱ区：寒冷地区，1 月平均气温-10~0℃；7 月平均气温 18~28℃。气候Ⅲ区：夏热冬冷地区，1 月平均气温 0~10℃；7 月平均气温 25~30℃。气候Ⅳ区：夏热冬暖地区，1 月平均气温>10℃；7 月平均气温 25~29℃。气候Ⅴ区：温和地区，1 月平均气温 0~13℃；7 月平均气温 18~25℃。气候Ⅵ区：严寒地区，1 月平均气温 0~-22℃；7 月平均气温<18℃。气候Ⅶ区：严寒地区，1 月平均气温-5~-20℃；7 月平均气温≥18℃；7 月平均相对湿度<50%。各个气候区的住宅建筑日照标准见表 4-1。

表 4-1 住宅建筑日照标准

建筑气候区划	Ⅰ、Ⅱ、Ⅲ、Ⅶ气候区		Ⅳ气候区		Ⅴ、Ⅵ气候区
城区常住人口/万人	≥50	<50	≥50	<50	无限定
日照标准日	大寒日			冬至日	
日照时数/h	≥2	≥3		≥1	
有效日照时间带（当地真太阳时）	8~16 时			9~15 时	
计算起点	底层窗台面				

在《城市居住区规划设计规范》（GB 50180—2018）中规定日照的有效时间带为冬至日 9~15 时，大寒日 8~16 时，采用的是真太阳时，因而日照计算时也应采用真太阳时于城市中建筑密度越来越高，遮挡情况比较复杂，被遮挡建筑一般都有多个建筑遮挡，因而建筑物获得日照的时间段往往是不连续的，有些情况下还会出现几分钟甚至更短的时间段。不计入这些较短的日照时间段，有几方面的原因：首先，很短的日照时间段，其日照质量不佳；其次，受到数据精度和软件计算精度限制，在计算中容易出现的错误或误差一般也是几分钟左右；最后，在实际观测中，由于日影边界模糊和周围环境等因素的影响使得过短的日照时间段也很难判断和察觉。从软件计算和实际观测对比来看，两者之间的偏差一般在 3.0~5.0min 之内，因此小于 5.0min 的日照时间段是不确定且没有意义的[27]。这一规定主要是从便于计算的角度出发，有些城市为了保证日照质量，对最小连续日照时间作出地方性规定，也是合情合理的。

4.2.2 建筑日照主要模拟方法

首先对住区居民日常交往行为特点进行研究，分析未成年人、中青年人以及老年人这些不同人群的交往活动规律，其次，针对影响其日照相关因素，利用系统论中的加尔定律，从一个简单的单体建筑开始分析，通过改变不同的建筑参数，探究建筑阴影变化对室外日照环境的影响，同时对季节变化带来的影响进行模拟，分析冬季、夏季时，室外日照环境的变化；最后，结合部分实际案例，分别对室外场地、绿地以及室外其他要素进行模拟分析，利用区域日照分析、地面辐照分析等方式辅助优化，从而比较科学、合理地探究室外日照优化策略。

模拟对象包括：(1) 室内交往空间，如门厅、过厅等。(2) 室外交往空间，如社区活动场地。

人们可以在此闲聊、集会、健身、娱乐，居民进行的每一种户外活动都需要相应的场地与之相适应。随着经济发展，人们对室外环境舒适度的关注日益提高，这需要设计者对不同人群进行深入的调研。有相关研究学者提出，一般绿化率在 50%以上，活动用地的比率在 50%~60%之间，从感官和使用上都比较理想，其中活动面积率指公共绿地中可供游人自由进出活动的面积（包括道路，游戏场，铺装场地和种有乔木又可进入的绿地）占居住区绿地面积的百分比。

室外交往空间也包括组团绿地、健身器材处、中心广场、室外廊道、绿地小路、宅旁绿地、幼儿活动场地、娱乐设施等，目前部分住宅区的高容积率影响到了交往场地的日照，而日照因素又影响到交往人群的身心健康，所以这些交往活动场所的布置也需要根据日照环境考虑其布置方式。

4.2.3 日照影响因素

在日常生活中，影响住区住宅建筑日照的因素有很多，在这里选取其中较为主要的因素进行分析，包括建筑间距、建筑朝向、建筑形式，以及用地的地形地势。

4.2.3.1 建筑间距

住宅日照间距主要满足后排房屋（北向）不受前排房屋（南向）的遮挡，并保证后排房屋底层南面房间有一定的日照时间。日照时间的长短，是由房屋和太阳相对位置的变化关系决定的，相对位置以太阳高度角和方位角表示[27]。它和建筑所在的地理纬度、建筑方位以及季节、时间有关。通常以建筑物正南向，当地冬至日（大寒日）正午 12 时的太阳高度角作为依据。根据日照计算，我国大部分城市的日照间距为 1~1.7 倍前排房屋高度。一般越往南的地区日照间距越小，往北则越大。

日照间距系数 L 是利用太阳高度角原理，根据满足日照时间段的最小日照间距推导而来，是用于城市住区规划设计中的重要参数。由于我国幅员辽阔，各地区所处纬度不同，气候条件也不同，因此需要根据实际项目的当地情况，制定相应的日照间距系数。

4.2.3.2 朝向

在无遮挡的情况下，建筑物的朝向是获得良好的日照的主要因素。自古以来，人们根据自己的生活经验与居住习惯，通常认为建筑坐北朝南的方位是能够获得良好日照的最佳选择。然而在具体设计过程中，建筑朝向受多种因素的限制，比如地理环境、建筑用地环境以及当地气候等情况，大多数情况做不到全部采用正南朝向。

建筑朝向对日照的影响，基本分为建筑自身的影响，和对其他建筑的影响。当考虑建筑朝向对自身的影响时，随着旋转角度的增大，建筑由正南朝向逐渐转变为东南（或西南）朝向。但当旋转角度大于 45°时，虽然仍可以满足日照要求，但建筑只能接收半天的日照，严重影响了日照质量，并不能完全达到改善住区日照的目的。当考虑对其他建筑的影响时，通过模拟可以看出，转动朝向起到了一定的改善作用，建筑 0~2 小时阴影的区域随着旋转角度的增大不断减少，对后排的建筑影响也越来越小。同样，当旋转角度大于 45°时，无论是前排建筑还是后排建筑虽然满足了国家日照标准的要求，但是能接受早晨至中午的日照，或中午至下午的日照，后者还会受到比较严重的西晒影响。因此，对于偏转角度的大小需要合理控制。

4.2.3.3 建筑形式

目前，高层住区比较常见的住宅建筑单体形式主要为板式和塔式，两种形式都有各自的特点，对日照的影响也会有所不同。

例如，板式住宅比较普遍认同的看法就是东西长，南北短的住宅建筑，整个外观给人的感觉就是一块巨型平板一样的建筑住宅楼。具体深入到内部特征来说，板楼的户型是南向面宽大，进深短，南北通透的格局。建造成如此格局的原因，主要是可以让住户在南北开窗的情况下，通过自然的通风形成对流，使室内空气流通，如图 4-3 所示。此外，它在朝向、通透性、建筑密度、人均绿化率等方面都给人们带来新的感受。

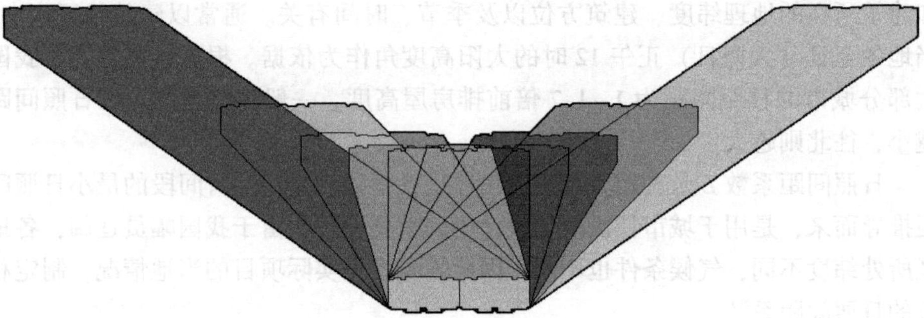

图 4-3 板式住宅阴影分析图

模拟中板式住宅的建筑高度是 33m，通过分析可以观察出，由于板式住宅面宽较大进深较小，因此其平面等时分析图侧向阴影较大，正向阴影较小，整体呈“元宝”形状。

4.2.4 主要分析方法

4.2.4.1 定点光线分析

本功能可绘制指定位置在各个给定时刻的光线，用来辅助分析是否有遮挡物阻断光线。在 T20 天正日照 V6.0 分析软件中，确定某个点，程序会自动算出给定点在各个时刻的光线，用不同颜色画出不同时刻的三维光线，如图 4-4 所示。

在光线的显示位置，我们可以采用两个不同视口，设置两个不同视图来观察，可同时从平面图和轴测图进行全方位的观察[28]。

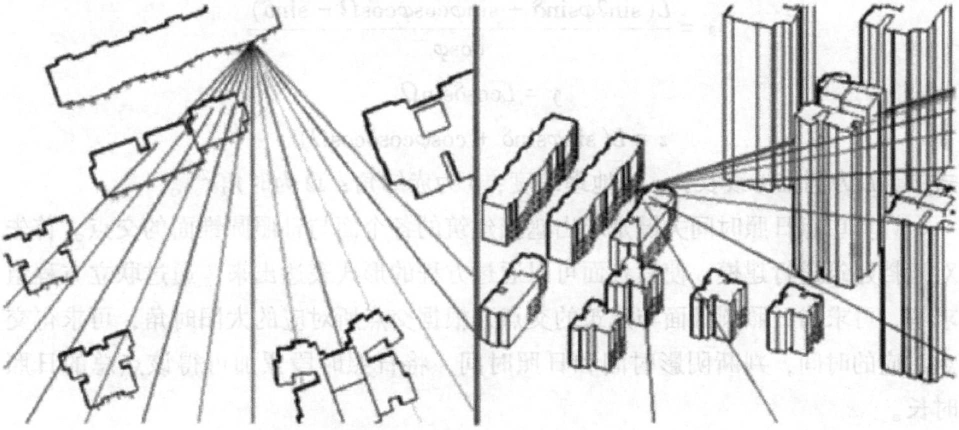

图 4-4 定点光线生成结果都多视口分析图

4.2.4.2 光线圆锥分析

日照圆锥模型由棒影模型发展而来，是以选定的参考点为基准，将每个时刻的太阳位置与参考点相连得到的三维曲面模型，其二维模型为正投影日照模型。所谓日照圆锥面，是模拟太阳一天内在空间运行轨迹的曲面。以被测点为基准，沿太阳位置方向做射线。若分别作出一天中每一时刻的光线射线，则将形成一个曲面，即日照圆锥曲面，该曲面将天球分成两个球锥体。在春分和秋分时，该曲面将平分天球，如图 4-5 所示。

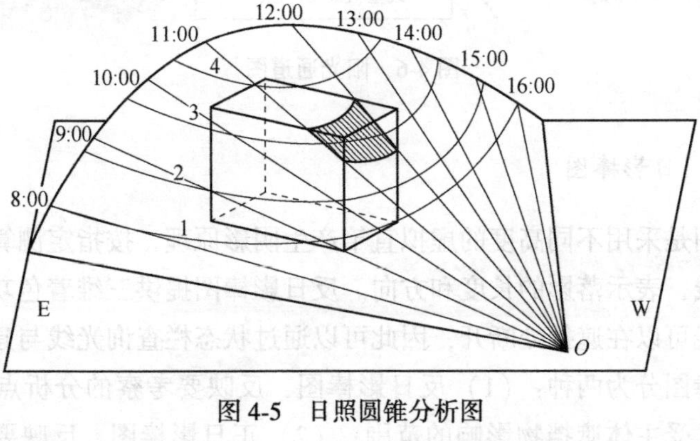

图 4-5 日照圆锥分析图

如图 4-5 所示，O 点为观测点，图中所示曲面即为以 O 为顶点的日照圆锥图。由图可以看出，从 8:00~16:00 时为一天中的有效日照时间段，其中曲线 1、

2、3、4 为与地面平行的平面与日照圆锥面相交的曲线。建筑物与日照圆锥面相交的部分即为遮挡物对 O 点的遮挡时间。

$$x = \frac{L(\sin 2\varphi \sin\delta + \sin\varphi \cos\varphi \cos\Omega - \sin\delta)}{\cos\varphi}$$

$$y = L\cos\delta \sin\Omega$$

$$z = L(\sin\varphi \sin\delta + \cos\varphi \cos\delta \cos\Omega)$$

式中，L 为圆锥母线长；φ 为地理纬度；δ 为赤纬角；Ω 为时角[29]。

计算单点日照时间关键是求出遮挡建筑的各个面与日照圆锥面的交点。首先对遮挡建筑进行建模，使其各面可以通过方程的形式表达出来，通过联立方程组求解，可求出日照圆锥面与建筑的交点，根据交点所对应的太阳时角，可求得交点对应的时间，判断阴影时间和日照时间，将日照时段累加可得该点总的日照时长。

本功能可对位置点进行日照分析，根据其遮挡建筑生成日照圆锥面及实际的阳光通道，光线圆锥线可通过查询显示其日照详细时刻、太阳高度角及方位角。根据遮挡物情况，形成阳光通道，如图 4-6 所示。

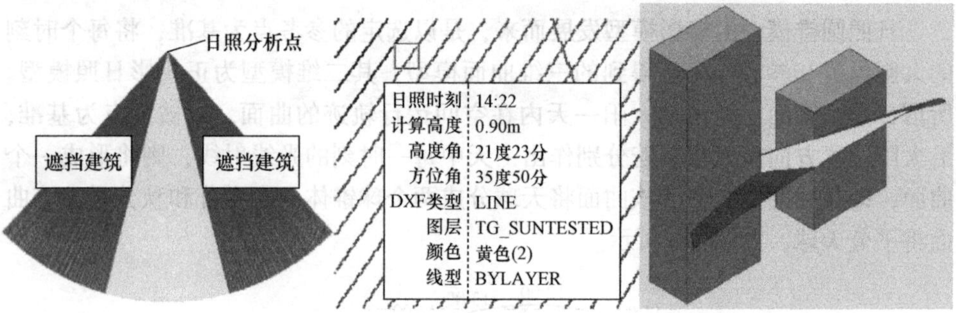

图 4-6 阳光通道图

4.2.4.3 日影棒图

日影棒图是采用不同高度的虚拟直竿产生阴影原理，按指定测算时刻获得一系列的放射线，表示落影的长度和方向。反日影棒图提供三维着色功能，选择遮挡物时，光线可以在遮挡处断开，因此可以通过状态栏查询光线与建筑物的相交位置。日影棒图分为两种：（1）反日影棒图，反映要考察的分析点（客体）一天不同时刻，受主体遮挡物影响的范围；（2）正日影棒图，反映要考察的分析点（主体遮挡物）在一天不同时刻，产生阴影的范围。把不同竿高的影响作出曲线，竿高数值大的遮挡物影响范围大，如图 4-7~图 4-9 所示。

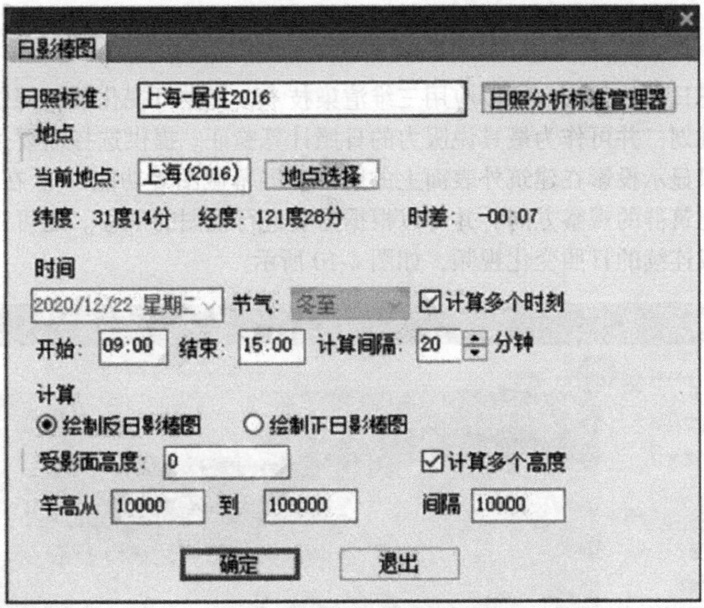

图 4-7 日影棒图设置对话框

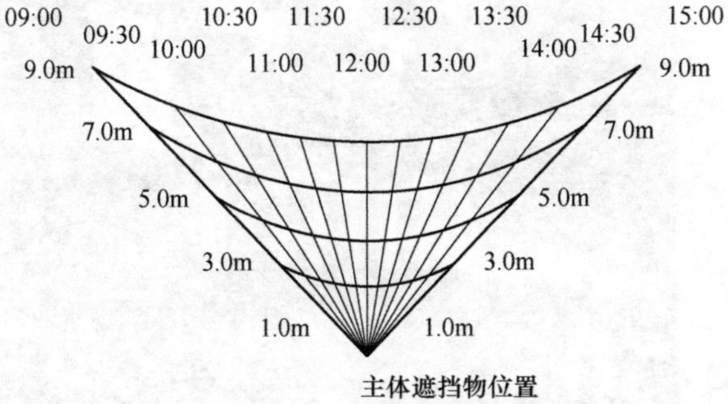

图 4-8 正日影棒图

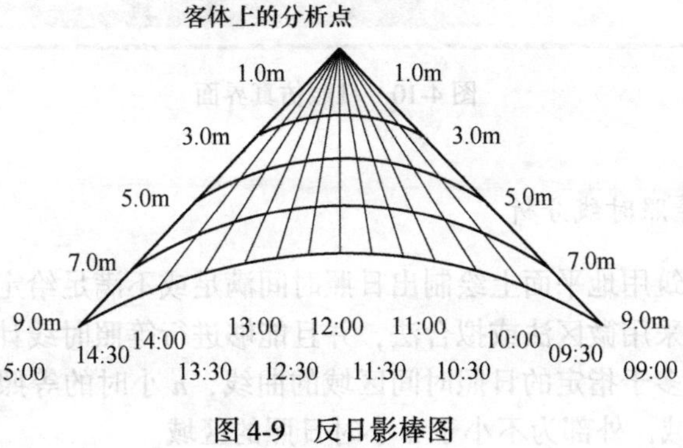

图 4-9 反日影棒图

4.2.4.4 日照仿真

在天正日照软件中，可以应用三维渲染技术，提供可视化的日照仿真，直观指导建筑规划，并可作为最具说服力的日照计算验证。提供选择需要生成阴影的建筑物、只显示投影在建筑外表面上的阴影、屏幕截图等功能[30]。在此命令中，可以指定建筑群的观察方向，并可以根据需要进行视图的平移。还可以设置时间间隔，生成连续的日照变化视频，如图 4-10 所示。

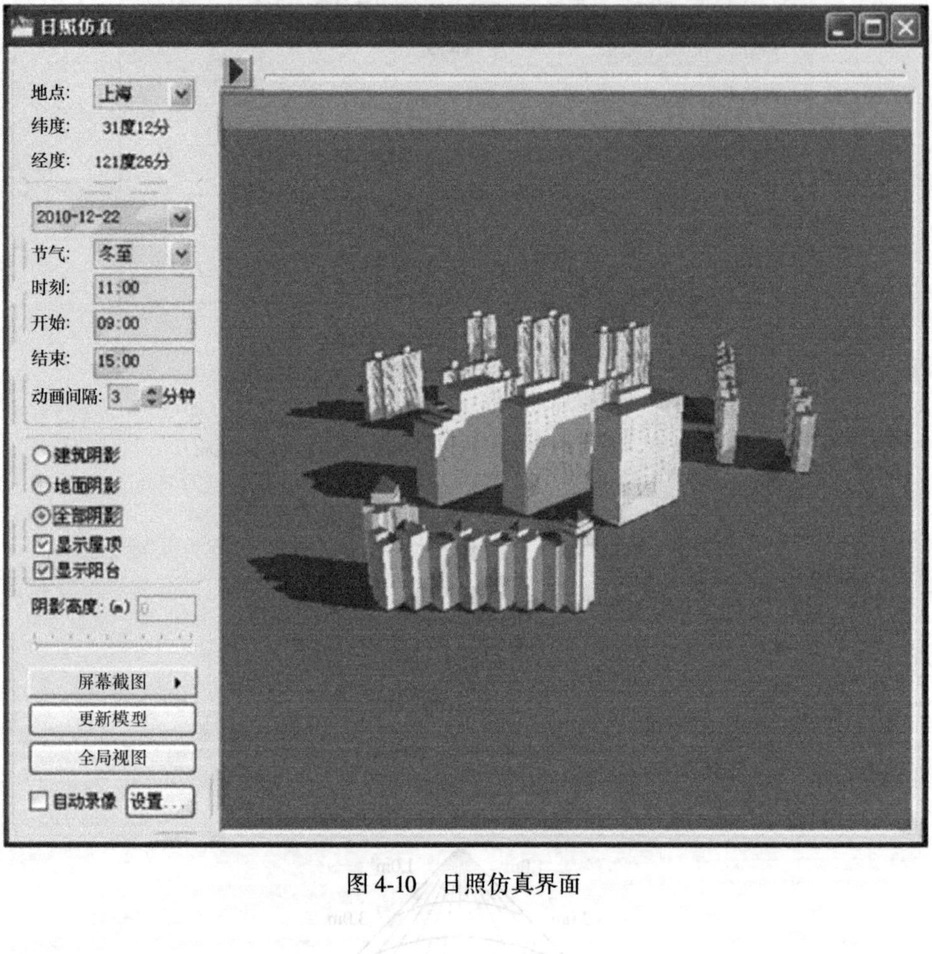

图 4-10 日照仿真界面

4.2.4.5 等照时线分析

在给定的建筑用地平面上绘制出日照时间满足或不满足给定时数的区域分界线，计算方法可采用微区法或拟合法，并且能够进行等照时线计算，大多情况用于划分少于或者多于指定的日照时间区域的曲线，n 小时的等照时线内部为少于 n 小时日照的区域，外部为不小于 n 小时日照的区域。

A 平面等照时线——微区法

微区法计算平面等照时线比较复杂，需要等待一定的时间，如果计算的建筑物较多而且轮廓复杂，则采用较小的时间步长甚至可能导致数个小时的计算时间。求等照时线的理论解是非常困难的，可选用微区法来计算等照时线，最后的等照时线呈现锯齿状，时间间隔（即时间步长）越小，锯齿就越细，即越逼近理论曲线。然而较小的时间步长不仅导致计算时间的急剧增加，而且计算结果也变得不稳定。建议采用不同的计算间隔分别作为细算、一般、粗算的标准时间步长，如果要反复推敲小区方案，那么采用粗算方法计算速度非常快，很快就可以出结果，如图 4-11 所示。

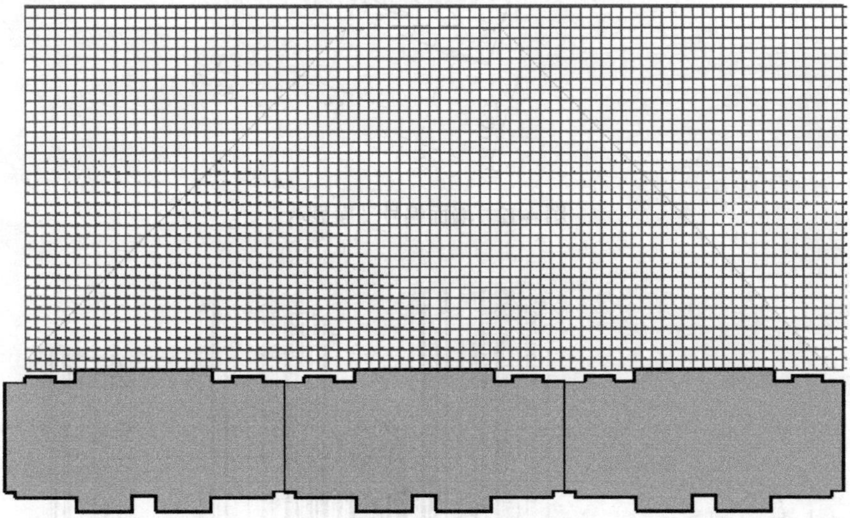

图 4-11　板式住宅微区法

由图 4-11 看出，板式住宅的等照时线分析为梯形，面积是将两个单栋的板式住宅进行叠加，形成更大范围的阴影区域。当板式住宅南北布置时，根据对北侧建筑立面日照等时线的分析，发现结果呈中间区域阴影较大，两侧阴影较小的情况。因此可以得出，当板式住宅布置方式为一前一后布置时，北侧建筑两端的日照效果要优于中间区域，这是因为南侧建筑遮挡影响，两侧区域可以利用方位角提升日照效果，活动场地同理，中间部分区域受侧向间距提供的方位角有限，而边角处的日照效果明显优于中间部位。

B 平面等照时线——拟合法

首先确定日照的遮挡物，判断墙体的朝向，也可确定哪些墙体不参与计算，如图 4-12 所示，其次确定要生成等时日照线的建筑，对每面墙体进行编号，生成效果图，如图 4-13 所示。

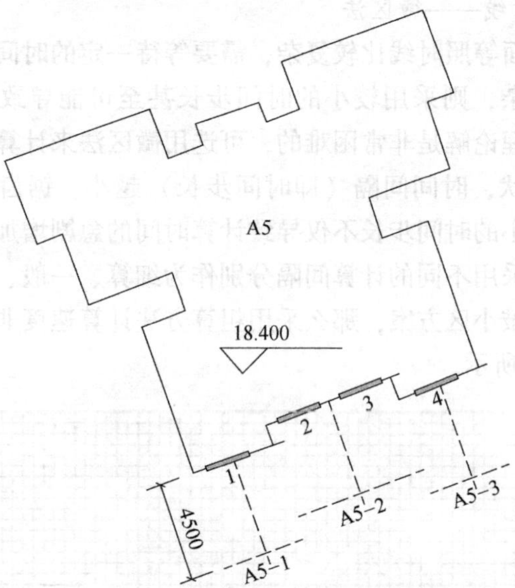

图 4-12 墙面编号平面显示

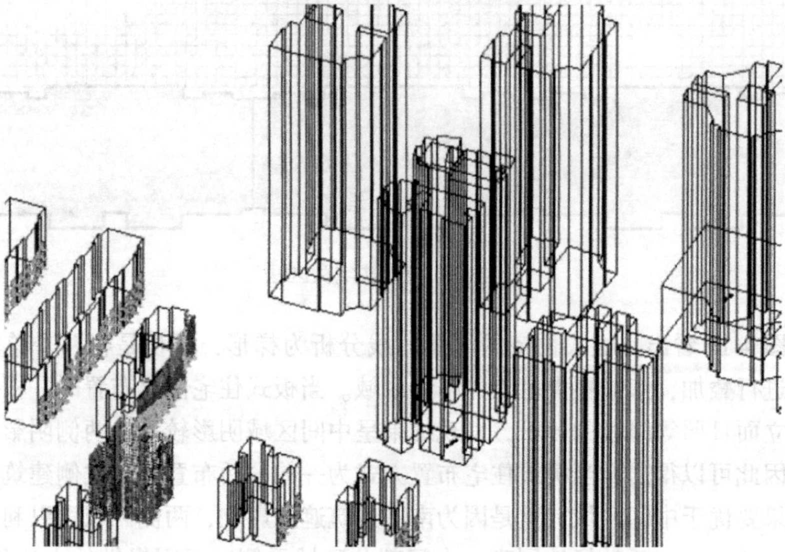

图 4-13 立面等照时线效果

4.3 交往空间的气候适应性研究实践

本书之所以要讨论建筑室外空间的生活，是因为户外活动的内容和特点受到物质规划很大的影响。通过材料、色彩的选择可以在城市中创造出五光十色的情调；同样，通过规划决策可以影响活动的类型。既可以通过改善户外活动的条件创造出富有活力的城市，也可能破坏户外活动的环境，使城市变得毫无生气。在居住区中，只见房屋和汽车而很少见人，因为步行交通很困难而且建筑物附近公共空间供户外逗留的条件很差。室外空间大而无当，失去了人的尺度。由于规划的间距很大，户外经历索然无味。即使有少量的活动，在空间上和时间上也被分隔开了。在这样的条件下，居民们宁愿待在家中看电视，或者待在自家的阳台及其他较为私密性的户外空间中。

部分居住区建筑层数较低，密度较大，适于步行交通，沿街处以及住宅、公共建筑周围都有供户外逗留的良好场所。在这里可以见到建筑物、往来的人流以及在房屋附近的户外场所流连的人群。因为户外空间舒适宜人，使人乐而忘返。这是一种充满活力与生气的城镇，建筑物的室内空间与宜人的室外环境相辅相成，公共空间能很好地发挥作用。

4.3.1 热环境评价指标的确定

对于居住区交往空间热环境分析，本书选择气流和温度作为研究对象，通过模拟气流场和温度场的情况，判断使用者的舒适度。

热舒适指标指的是热环境物理量及人体有关因素对人体热舒适的综合作用的指标。在现实生活中，影响人体热舒适的因素很多，其中空气温度、平均辐射温度、相对湿度、气流速度等4个环境变量与人体活动量、衣着两个人体变量是主要因素。将其中几个或6个变量综合成单一定量参数对热环境评价，用以预测人的主观热感觉。早期的热舒适指标是有效温度、合成温度、修正有效温度、当量温度等[31]。20世纪70年代提出了新有效温度、标准有效温度、热感觉平均标度预测值、主观温度等。这些指标与早期的指标相比所综合的因素更全面、更合理。

舒适的热环境是保障人们在空间中交流、活动的重要条件。研究热舒适性，离不开热环境，即环境热特性。在南方，由于湿热的气候条件，人们会将屋子建的较高或者底层作为车库等附属空间使用，有助于室内空气对流的形成，降低温度、带走湿气，保证居住舒适性；在北方，由于寒冷的气候条件，人们会将建筑围护结构加厚，或者加设暖气、地热等调节措施，以维护室内热环境的舒适。但随着建筑业的快速发展，建筑能耗占全社会能耗的比率也在不断增加，这给我国的资源与环境带来了巨大的压力。如何在有限的资源里，获得舒适的环境则显得十分必要。它不但能够提升空间在物理环境方面设计的效率，也减少了不必要的资源浪费，降低了能耗和运维成本。由图4-14可知，热舒适性的研究在过去一段时间引起了研究人员的重视，迎来了大发展。我们需要通过合理设计，以降低建筑所产生的能耗。优化交往空间的热环境，这无论对于空间物理环境舒适性的提升，还是资源环境的保护，都有着巨大的意义。

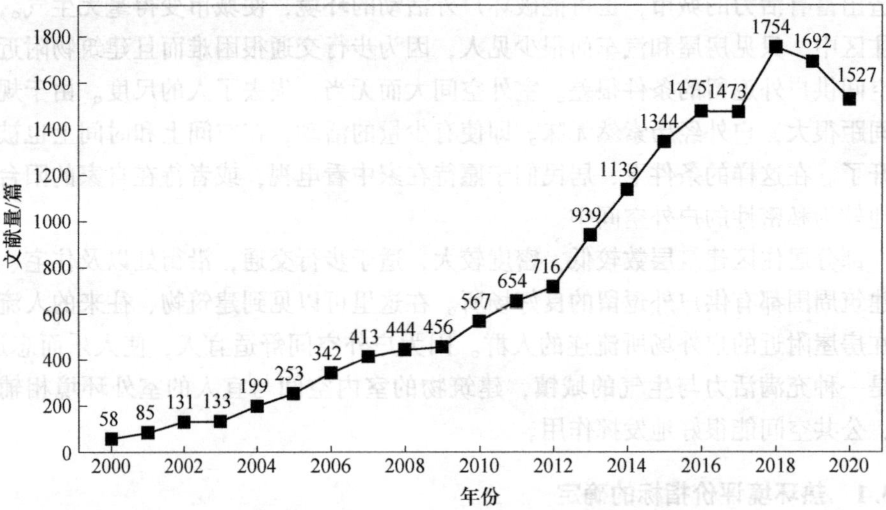

图 4-14 2000~2020 年“热舒适性”相关学术文献研究量

4.3.2 观测点的选择与分布情况

本书选取了乌鲁木齐红十月花园，具体调研地点选取在红十月花园小区的东二区，入口中心是一个入口广场，附近配有商铺和休息健身设施，周围由 6 个居住组团围合，每个组团中心都有中心景观和健身设施，整体上属于行列式加院落式布局，调研中选取了 6 个观测点，编号为 A~F，如图 4-15 所示。

乌鲁木齐气候特征属中温带大陆性干旱气候，最热的是 7、8 月，平均气温 25. 7℃；最冷的是 1 月，平均气温-15. 2℃。乌鲁木齐的春天来得迟，北郊一带 3 月 26 日步入春天；市区要晚两个星期，到 4 月 8 日春天来临；南郊还要迟十几天，4 月 20 日左右山前才见绿波。每年从 6 月上旬起，乌鲁木齐之春自北而南相继结束。

春雨占全年降水的 40%左右，对春播及旱地作物十分有利。夏季的乌鲁木齐城郊山区山花烂漫，市区林带茂盛；北郊的夏季，才 62 天；而南山牧场却没有真正的夏天，春秋相连。乌鲁木齐夏天热而不闷，昼夜温差大，城区夏季平均气温为 23℃。

乌鲁木齐的秋天从每年 8 月 24 日开始。北部平原推迟 10 天，入秋后，天气环境比较稳定，天气不冷不热，温和宜人。9 月下旬以后，冷空气频频袭来，气温下降迅速。10 月份昼夜温差增大。当地民谣中有“早穿皮袄午穿纱，围着火炉吃西瓜”的说法。

图 4-15 红十月花园小区东二区观测点选择

乌鲁木齐城区的冬天，每年从 11 月 3 日到次年 4 月 8 日长达 150 天。乌鲁木齐市三面环山，北部好似一个朝向准噶尔盆地的喇叭口。由于天山屏障，冷空气往往滞留在盆地内。南郊山前丘陵却有一条“暖带”，一月份气温要比市区高 4~5℃，南郊积雪长达 175 天。

4.3.3 测试仪器

在本次测试中使用的仪器如下：testo 810 红外测温仪便携式工业温度计，希玛 AS847 工业级环境温湿度测试计，得力风速仪便携式数字风温测量仪 DL333203。在进行测试时，为了防止因为太阳辐射影响到温度计和湿度计的测试结果，将仪器探头放置于防辐射箱中，仪器用三脚架固定在离地面 1.5m 的高度处，温度仪、湿度仪在实验阶段设置为每 10min 记录一次数据。

风速测量采用的是得力便携式数字风速测量仪 DL333203，测量频率为 50Hz。测量时先在地面上固定好测量仪的三角支架，再在架子上安装两个风速测量仪 DL333203，测量仪的高度分别是距地面 1m 和 1.5m 的高度，并且对测量仪进行校正和调整，超声仪共同一个数据采集器，采集器型号为 iData 50/50P 安卓手持数据采集终端 PDA 智能仓储。

在水平地表固定一个2.5m高的三维超声风速仪的架子，然后在架子上安装两个三维超声风速仪，使超声探头的中心分别位于0.5m和1.0m的高度。并利用超声探头上自带的水平仪对超声风速仪进行水平调整。并在每次测量完成后确认超声探头是否水平。两个超声风速仪共用一个型号为CR3000的数据采集器，保证两个超声风速仪的数据同步测量三维风速。在无风或者风速较小时更换CR3000的数据卡。

4.3.4 风环境实测数据分析

选取了14h对各观测点进行数据分析，如图4-16所示，测试点A位于组团内部，观测这一天11:00左右风较大，在这一片区域活动人群以老年人居多，在此下棋，聊天；在13:00风速达到峰值，为0.52m/s；在16:00~18:00风速相对稳定，大约在0.4m/s左右；在20:00左右风速较低，大约为0.23m/s。

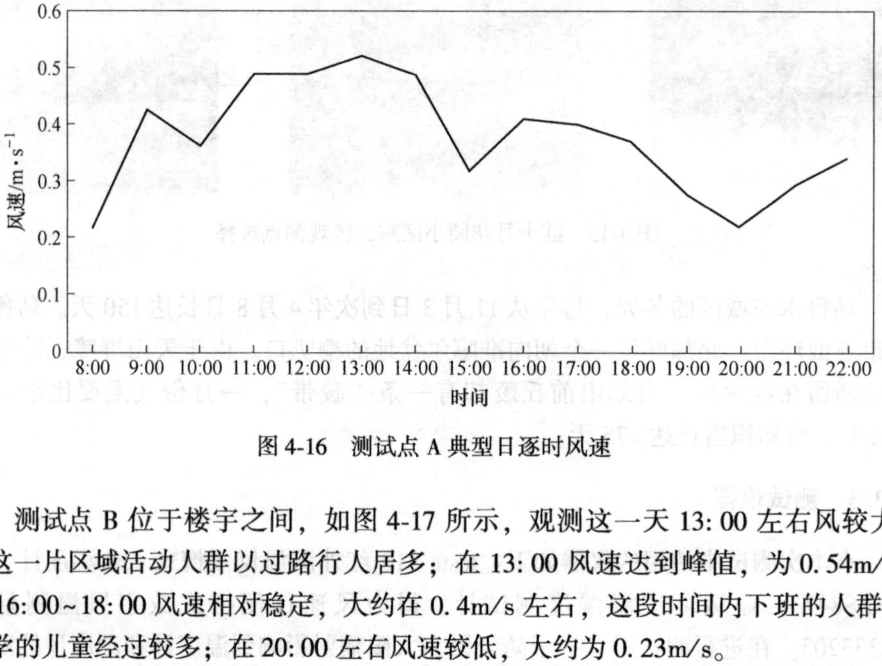

图4-16 测试点A典型日逐时风速

测试点B位于楼宇之间，如图4-17所示，观测这一天13:00左右风较大，在这一片区域活动人群以过路行人居多；在13:00风速达到峰值，为0.54m/s；在16:00~18:00风速相对稳定，大约在0.4m/s左右，这段时间内下班的人群和放学的儿童经过较多；在20:00左右风速较低，大约为0.23m/s。

如图4-18所示，测试点C位于单元入口处，入口处发生各类出入行为，见面相互打招呼，有时候会停留寒暄，但是发生时间不集中，另外小区入口处有一些商业设施，在这里发生一些日常活动，如：天气好的时候在这里晒太阳，在小卖部买东西，熟人遇见后打招呼，并且由此衍生出其他的活动行为，如聊天、观景、下棋。中间幼儿园门前有一块交往活动场地，里面没有健身器材，只有少数座椅，虽然空间较开阔，但是缺乏情趣。南边是有一排绿化，其他方向没有遮挡，具有较好的视线通透性，但由于这个位置处于风口，同时离小区主干道有一定的距离，受到气候和可达性的影响，来这里活动的人比较少，并且持续时间也不长，一般是10~20min。

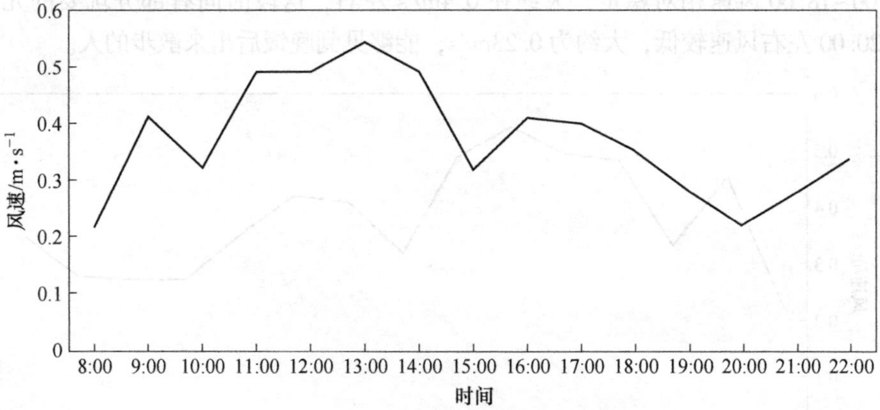

图 4-17 测试点 B 典型日逐时风速

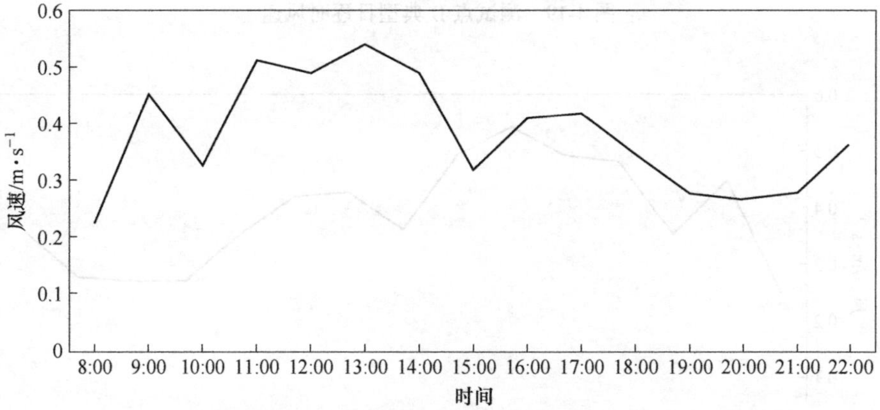

图 4-18 测试点 C 典型日逐时风速

测试点 D 位于中心活动场地附近，如图 4-19 所示，中心活动空间有一块小型的儿童活动场地、一片健身设施场地和小型轮滑场，与小区道路只有一条绿化带隔离，可达性很强。活动场地旁边布置有 4 个座椅，可供看护小孩子的大人使用，场地上有滑梯和跷跷板等儿童活动设施，但是这些设施在冬天的时候无法使用。由于处在向阳的方位，周围的树木夏日时节枝叶茂盛，可以遮阳，冬天的时候树叶落光，不会挡住晴朗天气的阳光，这一块地区又可以获得充足的阳光照射，这一块地区在晴朗天气的时候交往活动非常频繁，很多人都喜欢在这片地区活动，活动人群一般为 2~5 人，活动的行为有做游戏、看报纸、聊天、晒太阳等。

测试点 E 位于活动中心附近，如图 4-20 所示，这一区域是小区主要交往活动场地，观测这一天 11: 00~14: 00 风较大；在 13: 00 风速达到峰值，为 0.54m/s，这段时间内聊天下棋的老年人较多，正午时候人们会在有遮挡物的区域活动；在 16: 00~18: 00 风速相对稳定，大约在 0.4m/s 左右，这段时间有部分玩耍的儿童；在 20: 00 左右风速较低，大约为 0.23m/s，能够见到晚饭后出来散步的人。

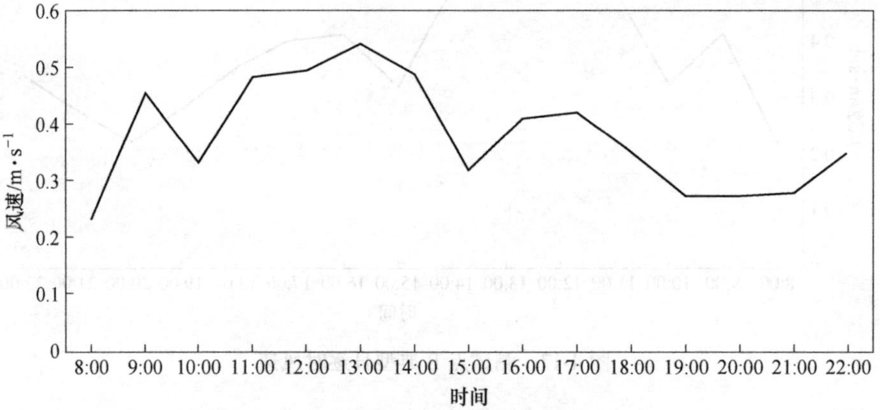

图 4-19 测试点 D 典型日逐时风速

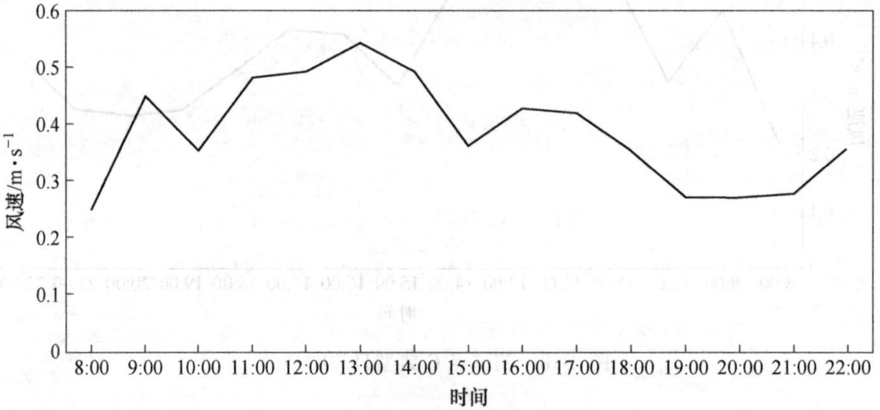

图 4-20 测试点 E 典型日逐时风速

4.3.5 空气温湿度分析

空气温度是表示空气冷热程度的物理量。空气中的热量主要来源于太阳辐射，太阳辐射到达地面后，一部分被反射，一部分被地面吸收，使地面增热；地面再通过辐射、传导和对流把热传给空气，这是空气中热量的主要来源。而太阳辐射直接被大气吸收的部分使空气增热的作用极小，只能使气温升高 0.015~0.02℃。

实验时间选取了2021年7月29和30日两天，从气象网上查得逐时温度、湿度、气压如下，从图4-21和图4-22中可以看出，7月29日24小时逐时温度当中，7:00温度最低，16:00~19:00温度较高，超过30℃。1981~2010年乌鲁木齐市平均气温和降水如图4-23所示。

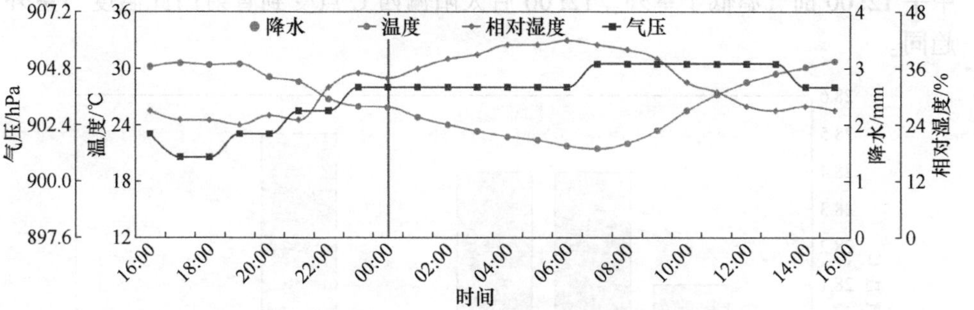

图4-21 7月29日逐时气温

最新整点实况（2022-08-03 15:00时）：气温：30.8℃；降水：0mm；相对湿度：27%；气压：904hPa

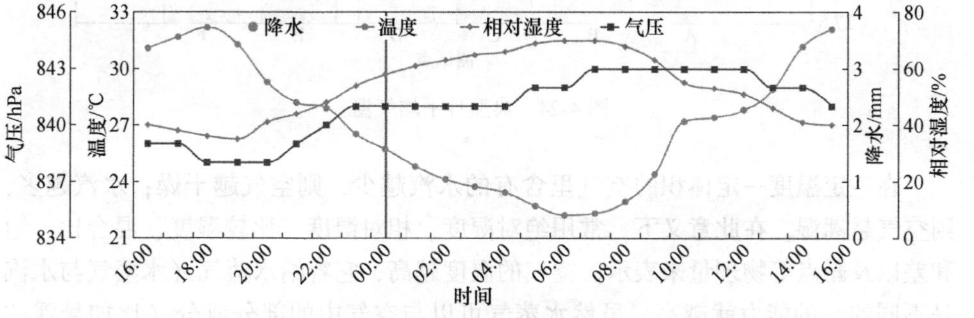

图4-22 7月30日逐时气温

最新整点实况（2022-08-03 15:00时）：气温：32.1℃；降水：0mm；相对湿度：40%；气压：841hPa

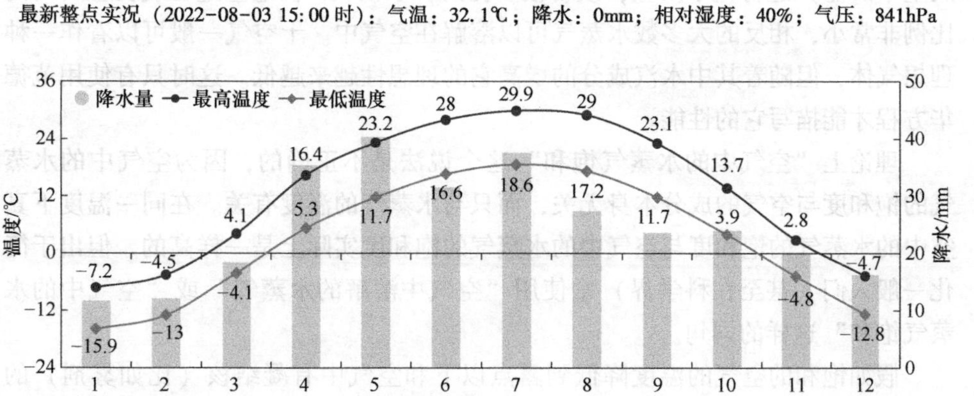

图4-23 1981~2010年乌鲁木齐市月平均气温和降水

从逐时气温分布图 4-24 中可以看到，选择的 6 个测点中，测试点 D 位于中心活动场地附近，这里的平均温度较低；测试点 E 因为受到直接的太阳辐射，平均温度较高。室外广场 B 点与单元入口处的 C 点日间温度起伏较大，午间气温明显高于其他测点。由于单元入口处门厅的遮挡没有太阳直射，因此 C 点中午 12:00 前气温低于室外。12:00 后太阳偏西 C 点受到直射因此温度与室外趋同。

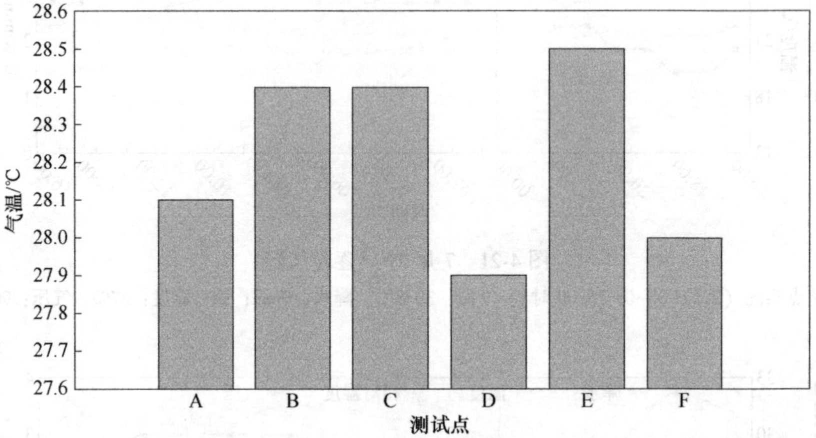

图 4-24 典型日平均气温

在一定温度一定体积的空气里含有的水汽越少，则空气越干燥；水汽越多，则空气越潮湿。在此意义下，常用绝对湿度、相对湿度、比较湿度、混合比、饱和差以及露点等物理量来表示。空气的温度越高，它容纳水蒸气（水蒸气与水汽是不同的）的能力就越高。虽然水蒸气可以与空气中的部分成分（比如悬浮的灰尘中的盐）进行化学反应，或者被多孔的粒子吸收，但这些过程或反应所占的比例非常小，相反的大多数水蒸气可以溶解在空气中。干空气一般可以看作一种理想气体，但随着其中水汽成分的增高它的理想性越来越低。这时只有使用范德华方程才能描写它的性能。

理论上“空气中的水蒸气饱和”这个说法是不正确的，因为空气中的水蒸气的饱和度与空气的成分本身无关，而只与水蒸气的温度有关。在同一温度下真空中的水蒸气的饱和度与空气中的水蒸气的饱和度实际上是一样高的。但出于简化一般人们（甚至在科学界）常使用“空气中溶解的水蒸气”或“空气中的水蒸气饱和”这样的词句。

假如饱和的空气的温度降低到露点以下和空气中有凝结核（比如雾剂）的话（在自然界一般总有凝结核存在），空气中的水就会凝结。云、窗户玻璃和其他冷的表面上的凝结水、露和雾、人在冷空气中哈出的汽等许多现象就是这样形成的。偶尔（或在实验室中人工造成的）水蒸气可以在露点以下也不凝结，这个现象叫做过饱和。

图4-25所示为各观测点的相对湿度，各测点相对湿度与气温存在明显的负相关关系。其中位于中心广场附近的D点相对湿度较大，B点的相对湿度较低。相对湿度指空气中水汽压与饱和水汽压的百分比，而饱和水汽压是随着温度的升高而增加，若空气中实际水汽压不变的情况下，温度越高，饱和水汽压越高，其相对湿度越低，因此各测点相对湿度与气温存在负相关关系。

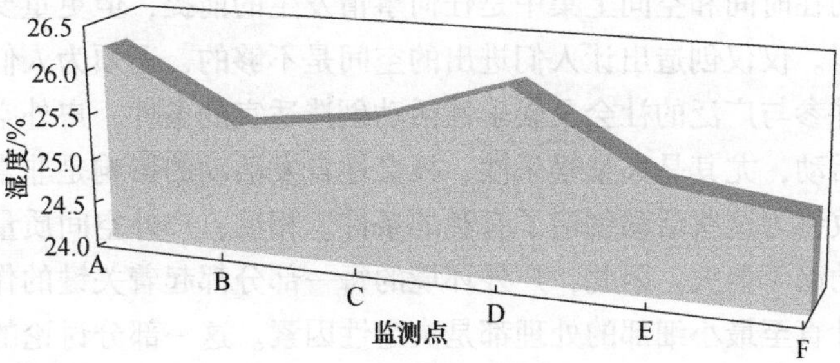

图4-25 典型日平均湿度

5 寒地城市住区中有利于交往的空间模式探索

人和活动在时间和空间上集中是任何事情发生的前提，但更重要的是冬季的活动得以发展。仅仅创造出让人们进出的空间是不够的，还须为人们在空间中活动、流连，并参与广泛的社会及娱乐性活动创造适宜的条件。户外空间的质量对于各种户外活动，尤其是大量娱乐性、社会性自发活动的影响是非常大的。户外空间质量的改善为这些活动创造了有利的条件。相反，户外空间质量的恶化则会导致这些活动趋于消失。因此，户外环境的每一部分都起着关键的作用，从每一处空间的设计直至最小细部的处理都是决定性因素。这一部分讨论的主题不是活动的数量，而是交往活动的特点与内容。我们应该认识到，那些对于公共空间中的人特别有吸引力和趣味的活动，也正是那些对于物质环境质量最敏感的活动。在城市和小区层次上的决策为创造功能完善的交往空间奠定了基础。但是，只有通过在细部规划设计层次上的精心处理，才能发挥其潜力。如果这一工作被忽视了，这种潜力就会被浪费掉。

下面将详细讨论一系列对于交往环境的质量要求，有些是一般性的要求，另一些则是与散步、停留、小坐以及观看、倾听和交谈等简单、基本的活动有关的特殊要求。如果空间使散步、停留、小坐、观赏、倾听、交谈等成为有乐趣的事，这本身就是一种提高。而且还意味着更加丰富多彩的其他活动，比如游乐、体育运动、公共活动等有一个良好的发展基础。这一方面是因为各种活动都有许多相同的环境质量要求，另一方面也是由于更大型、更复杂的社区活动都是自然而然地从许多细小的日常活动中发展起来的。也就是说，众多的细小活动促进了大型的活动。

5.1 下沉式院落的交往空间模式探索

寒地城市的冬季，寒冷的气候和降雪等因素让人们很难长时间在户外空间进行交往活动，将交往空间转移到可以采暖的室内形成复合型的室内交往空间是一种简单易行的方法。近年来，随着国民经济的发展，私家车持有量的日渐提高，这意味着小区地下停车场将会成为小区中必不可少的设施之一，是否可以将交往空间转移到室内，结合地下停车场设计呢？

地下车库是人们经常出入却来去匆匆不愿停留的地方，也是影视剧作品中的犯罪死角。在大部分设计中是将其看作存贮空间，如同室内的衣柜，只是这里存储的是车，对这一空间的采光通风考虑不足，让居民对这一空间无停留之意，如图5-1所示。实际上在冬季室外温度很低的情况下，为了保证冬季易于启动汽车和车库不发生冰冻，地下车库会保持在10℃以上的温度，采用的手法有在车库入口处加设热空气幕，或者安装采暖系统。如果在设计中改善地下车库的条件，增加其吸引力，就可以让人们在停车之后有更多的机会逗留，也为进一步的交往创造条件。在这一空间，居民可以寒暄交流，加强邻里之间的熟识程度，进而可以将交往行为延伸到地面空间。

图5-1 毫无人气的地下停车场

5.1.1 改善地下车库的采光和通风条件

相较于其他季节，冬季的地下车库是一个相对封闭的空间，居民一般来停车之后就匆匆离去，不愿在此过多停留，其中很大一部分原因是在这样的空间中会有压抑之感。如果改善其采光和通风条件，则会增加这一空间的吸引力，变消极空间为积极空间，让人们更有兴趣在这里逗留，进而发生交往行为。在车库设计时，尽可能采用自然采光，另外，为了获得良好的通风条件，可考虑使用自然通风结合机械通风的联合通风方法，在设计时让地下车库高于地面1~1.4m，在高于地面的墙壁上设置高窗来解决自然采光通风问题，并且有利于防止一楼住户的潮湿和阴冷。

5.1.2 加强与地面空间的联系

冬天的地下车库空间相较其他季节更是一个相对封闭，采光通风受到较大限制的空间，为了增加这一空间的吸引力，让人们更愿意在这里逗留并发生交往行为，在设计时可以考虑将地面环境引入到这一空间，由于下沉的地下空间可以直接接触到自然土壤，设计中可以通过树木的种植来增加与地面之间的联系，更好改善车库空间环境，如图 5-2 所示。例如，成都云庭苑小区的地下停车空间就采用了这种做法，在地下车库种上高大的乔木，从地下延伸出来，延伸到地面的组团绿地上，为了解决下雨的时候滴水的问题，乔木周围配上水池，别有生趣，并且丰富了地下车库空间环境，使其不仅仅是一个死气沉沉的地下车辆储藏室，把真正的绿色引入其中（见图 5-3）。在重庆雍江苑小区中，半地下的车库一侧靠近江边，具有良好的视野，于是设计者将车库靠近水体的一边的墙体材料改成特制的玻璃幕墙达到保温的目的，成为了车库的“窗口”，于是在这座车库经常看到这样的景象，停完车的居民不会急于离开，会在靠近窗边的位置停留一会，欣赏窗外的雪景，这一片的人气便聚集起来，阳光、绿色被引入其中，人们在此停留、交谈，这一片空间因为这种做法而独具活力，如图 5-4 所示。

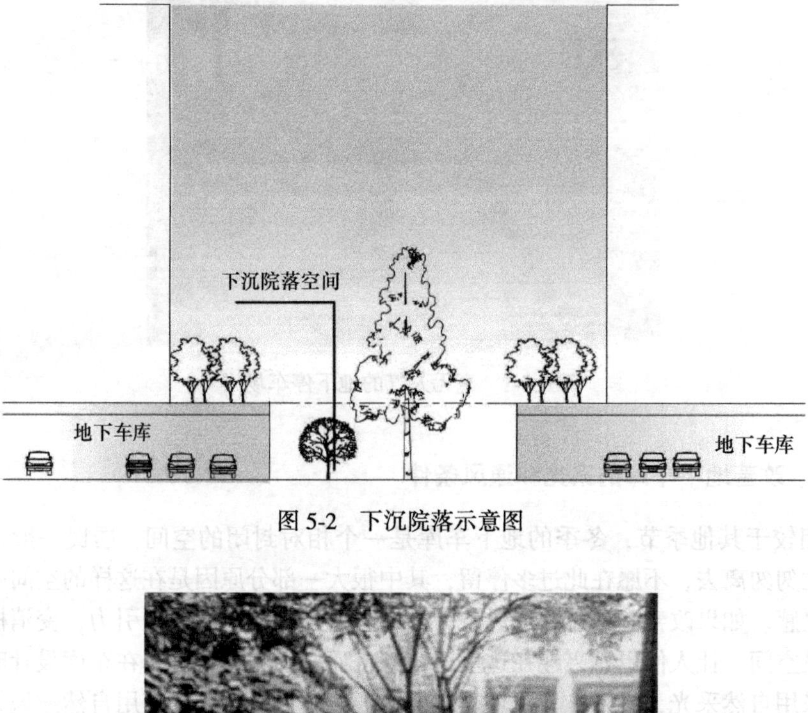

图 5-2 下沉院落示意图

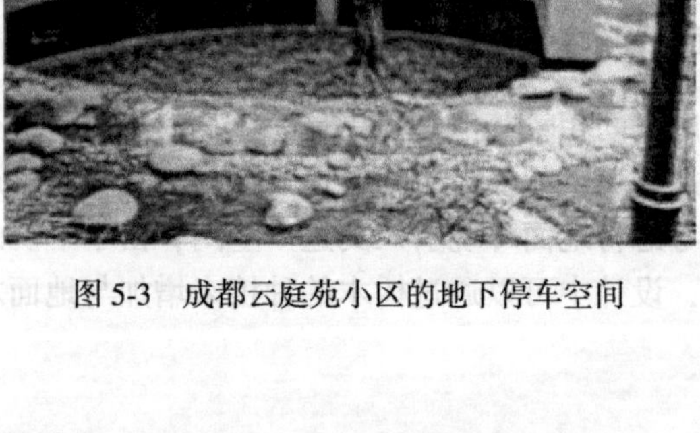

图 5-3 成都云庭苑小区的地下停车空间

图 5-4 重庆雍江苑小区地下车库

5.2 “空中庭院”交往空间的模式探索

院落交往空间作为传统住区邻里交往空间的起源，是交往的核心空间，是交往的重要场所。诗词中有云“庭院深深深几许”，从北京的四合院，到上海的石库门，在这里，居民们可以完成人与自然、人与人的对话。

寒地城市受到恶劣气候的影响，冬季时居民不愿进行室外活动，另外由于经济原因，开发商更不愿意浪费金钱和土地打造额外的室内空间作为交往功能使用，在已有的室内空间中设置复合型的交往空间是一种切实可行的方法，可以将庭院这一传统的交往空间模式引入到现代住宅中，将交往的场所从寒冷的室外转移到家门口，使之具有传统庭院内向的空间品质、过渡空间的复合性和使用功能的多样性。这样既可以避免恶劣气候对交往的影响，又能够转移一部分人群，进而缓解地面交往空间的压力，如图 5-5 所示。

图 5-5 中国传统交往空间——院落

现代公共型的“空中院落”形式设计，主要针对于寒冷的气候，在住宅的公共交通空间内每隔数层设一个公共花园，布置桌椅、适当的室内绿化，来增加邻里交流的机会，使人们在日常使用最多活动的空间中感受到邻里生活的乐趣。这种具有半公共半私密交往空间的设计，很有利于建立融洽的邻里关系。从现代的角度看来，这样一种空间的建立对邻里交往起到了极大的促进作用，住在这里的居民更加具有归属感。另一个角度来说，正是由于这样一种空间的建立，让老年人等行动不便的特殊群体，在寒冷的冬季不必一直在家中，可以走出家门聊天、观景。

目前这种空中庭院在南方地区很多地产开发中有用到，而在寒地城市，四季变化很大，温差也大，如果也按照南方城市的模式那样，在住宅楼中间挖一个通风口，在夏天会是一个良好的适宜交往场所，但是到了冬天，这里就会变成一个很大的通风口，人们在其中通过都会很艰难，更别说交往活动了。面对这种情况的解决方案如下，可以将架空部分的某一面或者两面改成大面积的玻璃幕墙，或者出于防风考虑可以设计成小块的玻璃墙，不要求像温和气候城市那样最大的开敞，在寒冷时候关闭窗户，晴朗无风的天气可以将窗户打开，享受难得的阳光，如图 5-6 和图 5-7 所示。

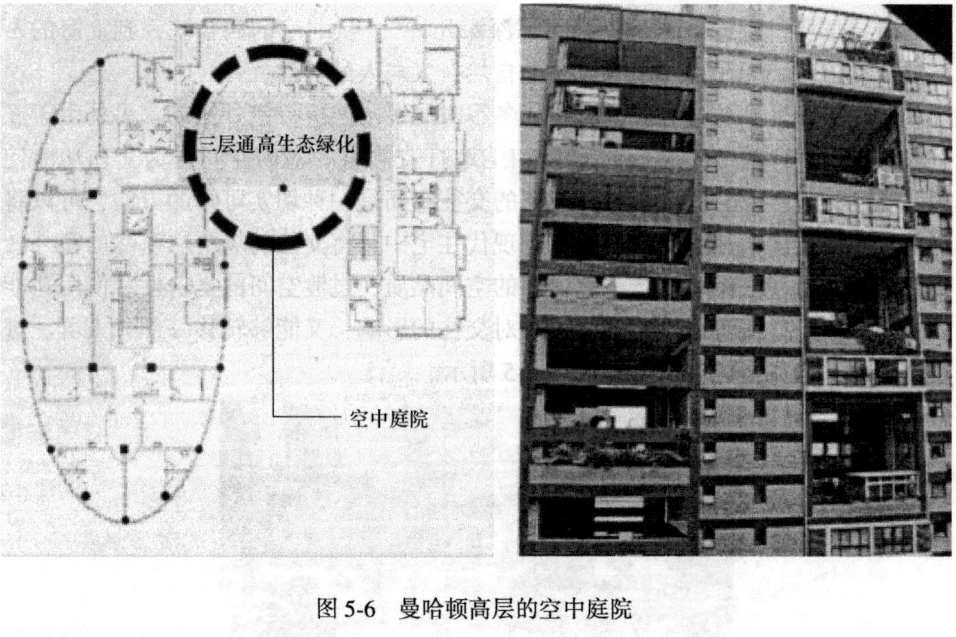

图 5-6 曼哈顿高层的空中庭院

虽然这样的设计有利于建立融洽的邻里关系。但在实施方面有几点要注意的问题，这一空间的设置会导致一些户型增加公摊面积，在房产的出售方面会有一定的影响，因此在设计中，有必要做好前期的策划工作和加强居民对于交往空间重要性的意识。

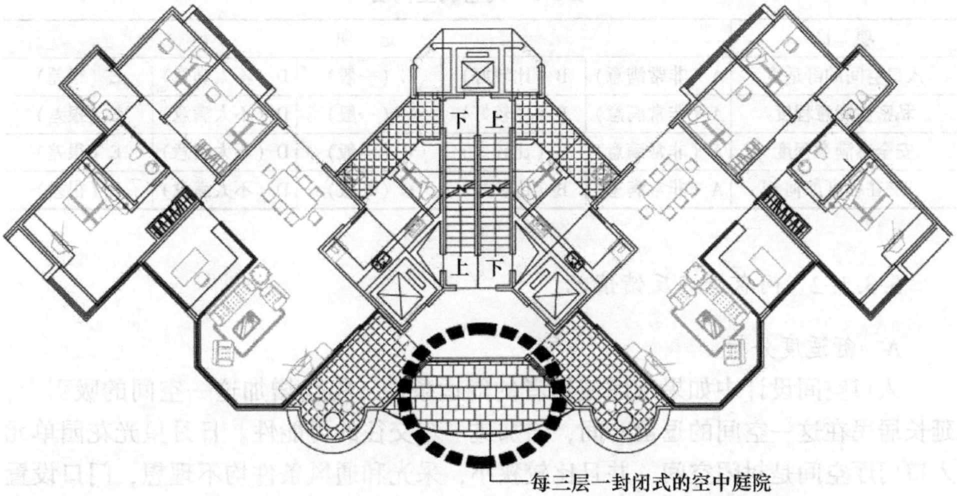

图 5-7 空中庭院标准层设计

5.3 单元入口交往空间模式的探索

寒地城市冬季气温低，经常会有降雪寒风等恶劣气候，居民大多不愿选择室外活动，在室内活动场所中，住宅的入户门厅作为重要的交通节点，是居民每天的必经场所，也是居民之间见面机会很大的一个空间。这部分空间可以为居民提供休息、小坐、等候、观景、交流的功能，并且不受低温或者其他恶劣气候的影响，在冬季漫长，室外气候恶劣的寒地城市，它是整个居住区交往空间体系的重要环节。

5.3.1 对日月星光花园小区入口门厅的调研

为了进一步对寒地城市住宅的入口门厅冬季使用情况交往空间进行研究，笔者对乌鲁木齐的日月星光花园小区的入口门厅空间进行了现场调研，并进行分析。

5.3.1.1 问卷调查内容

笔者对乌鲁木齐的日月星光花园小区的入口门厅空间进行调研，主要从使用者舒适度要求，私密性要求，安全感要求，社会交往要求等方面进行调查，见表5-1。

表 5-1 问卷调查内容

项 目	选 项				
入口空间的舒适度	A（非常满意）	B（比较好）	C（一般）	D（不太满意）	E（很差）
私密性满意程度	A（非常满意）	B（比较好）	C（一般）	D（不太满意）	E（很差）
安全感满意程度	A（非常满意）	B（比较好）	C（一般）	D（不太满意）	E（很差）
交往程度如何	A（非常满意）	B（比较好）	C（一般）	D（不太满意）	E（很差）

5.3.1.2 问卷调查反馈情况

A 舒适度分析

入口空间设计中如果考虑使用者的舒适条件，将会增加这一空间的吸引力，延长居民在这一空间的逗留时间，增加进一步交往的可能性。日月星光花园单元入口门厅空间是封闭空间，并且比较狭小，采光和通风条件均不理想，门口设置有门斗，一定程度上起到了抵御严寒的作用。如图 5-8 所示。

图 5-8 日月星光花园小区入口门厅

B 私密性分析

日月星光花园小区单元入口空间划分明确，但由于使用不当，没有充分利用。

C 安全感分析

在设计时考虑了安全设施，但在实施上并没有完全启用，居民普遍表示没有安全感。

D 社会交往需求

由于以上原因，虽然居民已经入住较长时间，但由于门厅面积狭小，功能分区不明确，设施配置较简陋，这一空间在冬季的交往程度较弱。

5.3.2 当前单元入口空间冬季使用中存在的问题

通过对乌鲁木齐红十月花园等居住区住宅入口门厅的调研，笔者发现，在近期的住宅设计中，大多数门厅设计时只是考虑作为通过性的空间，缺乏或者没有休息和交往的设施，更加缺乏冬季恶劣气候对交往的影响，没有考虑寒风和低温天气的影响，忽略了细节设计导致门厅温度过低或给使用者造成不便。

5.3.3 寒地单元入口交往空间的设计要点

(1) 创造一个多功能复合型空间，可以协调居民的各种生活功能：寒地城市门厅的设计，除了要考虑一般门厅的功能，还需要满足防风、御寒等季节性功能的要求。在设计时充分考虑人性化，比如单元入口处要有遮蔽的雨篷，并且覆盖面积要足够的大，最好可以覆盖到两侧，为人们提供的休息、等候的空间，同时也可以确保入口其他进出者不受影响；设置易于识别的门牌指示，使之具有识别感和认同感，同时又增加了趣味性，入口处设计时考虑无障碍设计，满足残障人士和行动不便的老年人的需求，在空间设计上要考虑动态活动和静态活动的分区，局部区域铺地毯或者形状大小不同的地砖都可以起到限定空间和引导人流活动的作用，动态活动有出入行为、交谈等。在调研中笔者发现，有些住区还将本小区幼儿园小朋友的绘画做成展板放置在门厅，居民在进出的途中都会停下来观看，很多家长都很有兴趣地评论各个孩子的作品，成为交流的好机会，给社区增添了温馨和睦的氛围。

(2) 单元入口空间尺度应适宜，既有亲切感又不会因为面积过大造成空间的浪费，小而精的空间设计更能发挥作用。在寒地城市，室内空间的冬季通风很重要，直接影响到居民的活动，因此门厅空间在尺度适宜的前提下应该尽量宽敞，不要因为过于窄小而导致空气污浊，让居民觉得呼吸不通畅，也不要因为过于空旷而造成保温供应不足的问题，让居民觉得因为温度过低而无法停留。可以设置各种凳椅，创造休息和闲聊的条件，考虑到季节性的差异，可以在室内室外都设置。同时也要注意到室内铺装的改变会影响使用者对空间的尺度感，如图 5-9 所示。

图 5-9 北京万科紫台入口门厅空间

5.4 玻璃廊道、暖房空间

在寒地城市，除了通过改善已经存在空间的空间品质使其成为交往空间，可以采用依赖技术设备创造适宜温度的技术手段，满足人们交往的要求。比如在室外活动空间加上玻璃顶棚，与住宅楼或者会所相结合，还包括设置半室内空间、暖房、玻璃屋等，以及在室外空间运用局部的取暖设施，这些手法都可以在寒冷、雨雪等繁杂的天气情况，起到在寒冷的冬季促进居民交往的作用。

为了在冬季创造宜人的微环境空间，采取将室内空间延伸到室外作为交往场所的做法，这样交往空间与建筑的关系将更加密切，在半室外空间做成暖房或者加玻璃顶棚，在这些区域内设置座椅、报栏、饮水机等交往设施，并附有适当的采暖设施，在冬季人们可以在这些空间交谈、观景、看报，不必担心恶劣的气候。

阿拉斯加的会议和贸易展览场所安哥雷奇艾根市民中心的设计中，前厅的前方设计了一个很长的玻璃廊道，这段空间可以将室外的景象带到室内，又可以将室内的活动带到更为开放的室外环境中，成为室内活动空间的延续，将室内装饰与室外的阳光、绿化相结合，兼有室内室外的双重优点，在廊道的两端都有出口与室外人行道相连接，空间中设有休息和饮水设施，平时这里的人气很聚集，廊道的顶部有可随温度和季节开启和封闭的玻璃顶盖，内部有取暖加热装置，既能免受风雪的侵扰，又与室外环境保持联系。对于安哥雷奇这座气候寒冷的城市，在建筑前有这样一座防护设施是促进人们活动和交往的一种有效手段，如图 5-10 和图 5-11 所示。在寒冷的冬季，人们走进这充满绿色的空间，定会感到暖意倍增，这种瞬间产生的空间变化将在人们心中留下持久的回味。

图 5-10 玻璃廊道空间内温暖的环境

图 5-11 美国波士顿玻璃棚屋下的餐饮店

6 寒地城市住区中有利于交往的元素设计

6.1 冬季“水景”

水景的设计是居住区一大亮点，夏季时节流动的水可以调节住区内的微气候循环，还可以起到调节气温、丰富景观等效果。但在乌鲁木齐这样的寒地城市，冬季平均气温在0℃以下，有时候甚至冬季极端温度达到-30～-40℃，在这种温度下，户外很难有流动的水存在，调研中笔者发现，乌鲁木齐有水景的小区不多，而且一般到了冬季水池中的水就会被抽干，露出水泥地面和生有铁锈的喷头，降雪之后就会被白皑皑的积雪所覆盖，精心设计的水景空间因此大大失去了本身的魅力，完全成为人们不愿意接近的景观死角。精心设计的水景不但不能发挥作用，而且造成资源和小区场地的浪费，还有的由于冬季的寒风或者污染物的堆积，造成严重的视觉污染。因此如何运用寒地城市的水资源，使得水景区域在夏季成为住区一道亮丽风景的同时，在冬季也可以发挥作用、聚集人气，这是设计师在寒地水景观设计时的关键。

6.1.1 寒地居住区水景不适宜过大，以小取胜

南方城市许多居住区都会采用大面积水面、大型喷泉、水池等来丰富住区景观。然而这种方式并不适合寒地城市，一是因为寒地城市大多是缺水城市，大面积的水景会导致宝贵水资源的严重浪费，并且实际操作中也很难满足水体的持续供应，并且管理费用也会很高；二是因为寒地城市冬季寒冷，为避免管道冻裂，冬季水池大多都放空停用，只有裸露的喷水头和干涸的水池底部，视觉上不好看，此外这些设施会成为藏污纳垢的地方，会出现卫生无法保证的现象，不仅水景本身不具观赏性，还影响到小区整体视觉效果，让居民不愿意走近。

寒地城市水景设计应以小取胜，除非必要，尽量避免开挖大面积的人工水池，以点式或者线性水景观为主，可以考虑设置小面积和独立的水景空间，配以瀑布和跌水等景观，这些水景只作为点缀就好，材料上可以采用卵石垫层与砌筑，在冬季抽干溪水，形成蜿蜒的石筑景色也别有一番特色。如果不可避免地需

要大面积水体，水体不宜过深，水位也不宜过高，这样在节约水资源的同时，可以在换季时方便更换，保证水体质量。

6.1.2 冰雕、雪雕等冰雪文化景观的应用

虽然寒地城市的水体在寒冷的冬季变得不再灵动，但从另一个角度来讲，也形成了独具特色的冰雪文化，如果恰当利用，也可以成为住区的看点。设计中要充分利用寒地城市的气候特色，可以利用冬季的天然落雪做些小型的雪雕，可以将居住区的水池改为冰雕和雪雕的展示场地，节假日还可以在冰雕中放置具有当地特色的冰灯，一方面可供夜晚照明、一方面可以美化居住区冬季景观，聚拢水景场地的人气，居民在晚上可以出来一边参观冰灯，一边呼吸下新鲜空气，与其他住户交往的机会也会大大增加。

6.1.3 冬季水景的多元化处理

水景设计中应当注重季节性、色彩性原则，在水景观设计时，应该考虑到四个季节的使用。有的小区意欲打造效果震撼的水景，在水池中放置大量喷嘴装置和露天管道，这种方式并不适合寒地城市，这里更适合采用喷头埋于地下的旱喷泉，在无水期这里可以作为活动场地，冬季时候将水放掉作为广场使用，池壁可改造后作为休息设施使用。另外由于冬季时节居住区失去了五彩斑斓的色彩，景色单调乏味，色彩单一，以灰色和白色为主，给人以压抑感，如果增加水景的色彩性，可以达到活跃住区氛围的效果。在视觉效果方面，考虑到一般居民对于色彩艳丽观赏性的景观会格外喜欢，可以在水底设彩灯，或者将水池底部的铺装改为色彩艳丽的图画，可以吸引居民在此地逗留。北京中关村生命科学园的水景是由十个大小不同、形状相似的线型水池与中心水体相连，在冬季没有水后，管理适当，极具雕塑感的水池也成为冬季特殊的景观元素，附近居民都愿意在此地逗留。

溜冰是冬季常见的活动之一，受到居民的喜爱，在条件允许的情况下还可以考虑将面积较大的水景或广场做成溜冰场，作为运动（如滑冰）、游戏的场所之一，场地边上供人休息的地方可以供观看滑冰表演的观众使用以及用作取暖的屋子。

比如纽约洛克菲勒社区中有一处小规模的广场，属于下沉式广场，夏季做旱地喷泉使用，冬天则被浇筑成溜冰的场所，旁边还设有咖啡座，成为这一带冬季人们最喜欢光顾的场所之一，如图 6-1~图 6-3 所示。

图 6-1　纽约洛克菲勒中心水景

图 6-2　纽约洛克菲勒中心空间的鸟瞰图

图 6-3　浇成冰的下沉式广场

6.2 冬季“植物”要素

寒地城市的冬季失去了五彩斑斓的色彩，由于冬季多雪的原因，冬季的景色单调乏味，色彩单一，到处都是白茫茫灰蒙蒙的一片，给人以压抑感，这也是人们不愿意出来交往的原因之一。冬季植物的合理配置，充分表现出植物四季的特色，可以为冬季单调枯燥的交往空间增加不少亮点，弥补色彩的单调，增添小区的活力，为居民的交往活动增加乐趣。

6.2.1 培养枝干姿态好、色彩丰富的树种

目前寒地城市居住区的植物种植配置存在一些弊端，树种很单调，在冬季时节都纷纷凋零，造成了单调的景象。比如乌鲁木齐城市居住区一般都是榆树、白杨等树种比较常见，缺少季节性的树种。近年来，有的居住区内种植了一定数量的松柏，为单色的冬季增添了一些绿色，其实，冬季除了可以种植一些常绿植物外，有些树种的枝干具有鲜艳的色彩，可以使用这些树种来丰富住区中单调的色彩。比如白色树干的白桦、棕色的山桃树、淡黄色的柳树等，如图 6-4 所示，这些树干的颜色都可以与冬季白色的主打色彩形成强烈的对比效果，可以为冬季单调枯燥的交往空间增加不少亮点，弥补色彩的单调，增添小区的活力，为居民的交往活动增加乐趣。

图 6-4　雪后的植物给人一种诗意

6.2.2 设置假树、灯树丰富空间效果

由于植物景观具有很强的季节性，冬季景象凋零，可以在不破坏环境的前提下设置一部分假树、灯树，在调研中笔者看到有的居住区枯枝上点缀了很多漂亮的彩带或者纸做成的树叶，别有一番情趣，也成为了院子里一道亮丽的风景。也

有小区在树枝上缠绕了小树灯串联成的彩带，五颜六色的灯树照亮冬季的夜空，点缀了居住区的环境，如图 6-5 和图 6-6 所示。另外还可以通过给居住区内的建筑赋予色彩的方式或者在建筑的外墙体作壁画涂鸦，这些方法都可以弥补冬季城市色彩的单调。

图 6-5 冬季的落叶植物只剩下枝干，在灯光的照射下是另外一种视觉效果

图 6-6 寒地城市冬季树木枝干的美丽形态

6.3 铺 地

居住区道路、广场和活动场地的铺地是交往空间硬质景观的重要组成部分，由于寒地城市冬季气候的特殊性，冬季景观状态发生改变，铺地等硬质景观就起

到了更加重要的作用其软质景观状态产生变化，其硬质景观就起到了更加重要的作用，对铺地的精心设计可以创造舒适的交往氛围。

6.3.1 铺地颜色选择的温暖性

色彩是自然中一种神奇的现象，往往可以直接影响人的心情和感受，铺地的颜色的选择也是影响该场地吸引力的重要因素之一，可以对使用者的心理起到积极或消极的作用。在寒地城市的冬季，气候条件恶劣，寒冷加上风霜雨雪的自然现象，让居民心理上长期处于一种压抑的状态，这时候如果铺地的颜色都以冷色系为主，单调又乏味，就会导致居民在心理上起到排斥。另外，从环境心理学的角度来说，色彩和光照都会影响到使用者的舒适度，进一步影响在这一环境逗留的时间。从建筑物理学的角度来说，深色调的色彩吸收的太阳辐射要多于浅色调的色彩，影响到局部地区的热工，给使用者造成不同的温暖感受。

乌鲁木齐城市冬季漫长，经常白雪覆盖，主要以灰色和白色色系作为主色调，因此在铺地的选择上更宜选择暖色调的颜色，可以选择米色、黄色和淡粉色等，再以一些纯度较高或深色作为点缀，点缀色的面积不宜过大，可以选择红色、橙色、深蓝色、紫色等，产生颜色的跳跃，增加亮点，让使用者有心灵上温暖的感觉，让寒冷的冬季有些许生气。

6.3.2 铺地材料的防滑性

在寒地城市，由于降雪等恶劣气候的影响，路面材料要选择适于行走、松散且防滑性好的石子路、沙土地等不平的路面，光滑或潮湿的路面不适宜行走，尤其是老年人。地面的铺装更应谨慎地选择铺装材料，活动场地的铺装应该选择具有较好的透水性的材料，颜色的选择上则是以暖色调为主，而且不宜使用过大或过小的地砖进行铺装。在雨雪天气中避免积水。

另外在坡道设计中要考虑到冬季降雪因素，由于扫雪原因对坡道宽度造成的影响，在设计当中应该适当的加宽，保证行人和车辆的顺畅通行。坡道的冬季防滑要特别注意，可以通过设置防滑条，采用更好的防滑材料等方法，考虑到冬季室外温度低，在扶手的材料选择上为了增加舒适度，最好有木质或者塑胶材料的扶手，因为这些材料散热比较慢，触感上不会过于寒冷，对于戴手套的使用者来说摩擦性也比较大。

6.4 其他冬季设施设计

6.4.1 暖座的设计

居住区外环境的座椅设计是交往空间的必要设施之一。然而在冬季的时候，气候寒冷又常多降雪，座椅的使用率极低。于是考虑可以将休息的座椅设计为暖座，让人们远离冰冷的石凳，这种方法在哈尔滨等寒地城市的广场上已经投入使用，座椅的结构是一种散热的装置，通过自身释放出的热量保证座椅的温暖，在外部用木质材料包装成座椅的形状，在除了冬季之外的其他季节可以作为普通的座椅使用，而在冬季时候散热装置工作，散发热量，方便居民的使用。

6.4.2 燃气取暖灯的应用

在北欧一些气候寒冷的国家，人们依然喜欢坐在户外一边喝咖啡一边欣赏景色，这种情况下一般会采用天然气取暖灯，这种装置可以达到小范围取暖的作用。这种取暖设施采用天然气能源，灯罩下面是热量释放的位置，下半部分是存储液化丙烷或者液化气的部分，这部分体积比较大，同时增加了取暖灯的稳定性。使用方便，操作简单，成本也低廉，适合于居住区使用，散热半径可以达到2～3m，很适合在寒冷的冬季作为局部取暖，如图 6-7 所示。这种取暖设施也适合于我国的寒地城市居住区，寒冷的冬季气温是影响居民在室外交往的重要因素之一，居民对室外环境避之不及，若是小区活动场地附近有这种取暖设施，寒冷的冬季依然可以享受室外观景的乐趣，则会更好地吸引居民外出活动并参与交往。

图 6-7 日本六本木山庄休闲广场为户外娱乐的人们提供燃气取暖炉取暖

7 实例研究——信息化技术下的住宅交往空间项目实践

本章以模拟工程——兰州某居住小区为例，通过相关模拟软件，对住区日照情况进行模拟评估，并针对案例中生活居住类建筑交往空间存在的相关日照问题，结合前几章总结得出的对于住区交往空间日照环境的相关优化策略，提出合理的解决办法。

7.1 项目基本情况

7.1.1 兰州地区基本情况

兰州位于中国西北部、甘肃省中部，市中心位于北纬36°3′、东经103°40′，北与武威市、白银市接壤，东与定西市接壤，南与临夏回族自治州接壤，总面积13085.6km²，兰州地貌复杂多样，山地、高原、平川、河谷、沙漠、戈壁，类型齐全，交错分布，地势自西南向东北倾斜。地形呈狭长状，东西长1655km，南北宽530km，复杂的地貌形态，大致可分为各具特色的六大地形区域。兰州地势西部和南部高，东北低，黄河自西南流向东北，横穿全境，切穿山岭，形成峡谷与盆地相间的串珠形河谷。峡谷有八盘峡、柴家峡、桑园峡、大峡、乌金峡等盆地有断城盆地、兰州盆地、泥湾—什川盆地、青城—水川盆地等。还有湟水谷地、庄浪河谷地、苑河谷地、大通河谷地等。入境水资源丰富，贯穿市域的黄河及其支流湟水，大通河的入流量达337亿立方米，水量稳定，各季不封冻，含沙量也较小。黄河兰州段全长152km，其中流经市区45km。

7.1.2 兰州地区气候概述

兰州属温带大陆性气候。年平均气温10.3℃。夏无酷暑，冬无严寒，是著名的避暑胜地。年平均日照时数为2446h，无霜期为180天，年平均降水量为327mm，主要集中在6~9月。甘肃深居西北内陆，海洋温湿气流不易到达，成雨机会少，大部分地区气候干燥，属大陆性很强的温带季风气候。冬季寒冷漫长，春夏界线不分明，夏季短促，气温高，秋季降温快。省内年平均气温在0~16℃

之间，各地海拔不同，气温差别较大，日照充足，日温差大。全省各地年降水量在 36.6~734.9mm，大致从东南向西北递减，乌鞘岭以西降水明显减少，陇南山区和祁连山东段降水偏多。受季风影响，降水多集中在 6~8 月，占全年降水量的 50%~70%。全省无霜期各地差异较大，陇南河谷地带一般在 280 天左右，甘南高原最短，只有 140 天。海拔多数地方在 1500~3000m 之间，年降雨量约 300mm（40~800mm 之间）。各地气候差别大，生态环境复杂多样。

7.2 项目概况

该项目为一模拟地块，如图 7-1 所示，项目用地相对规整，大致呈长方形。该高层住区用地，面积大约 61214.1m^2，为组团式布局，建筑物沿建筑用地边线建造，把建筑用地围起来的布局，利用建筑落差形成楼间距，整个小区建筑风格统一，大小组团都有自己的中心活动区。

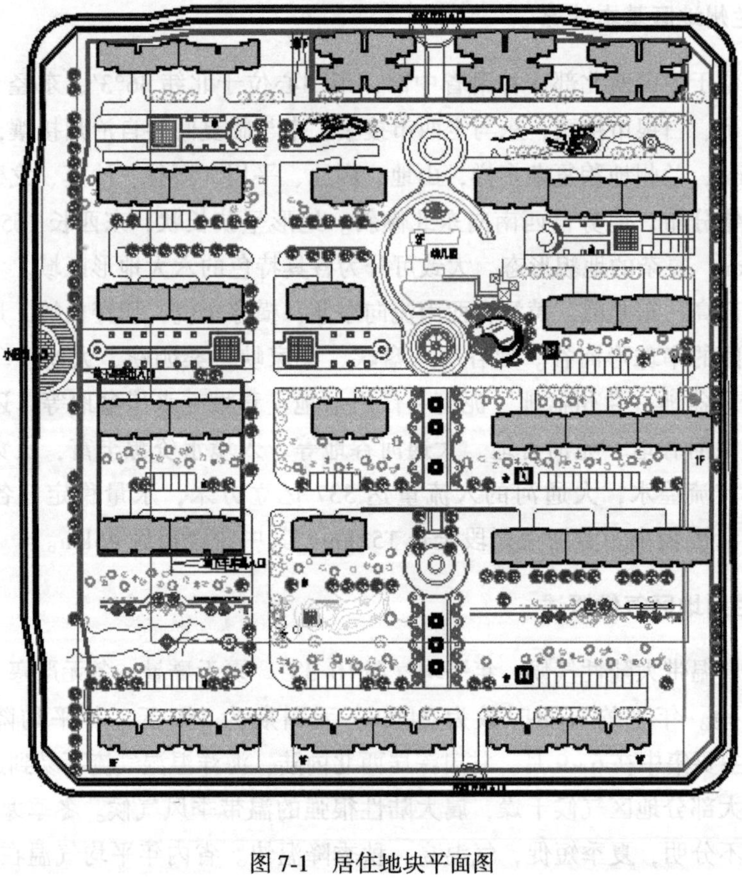

图 7-1 居住地块平面图

7.2.1 小区的道路分析

从小区的道路功能可以看出，住区道路分为两级，采用的是环通式道路布局，车行人行通畅，组团划分明确，自南向北一条主干道与景观大道结合为一体，明确划分出各个组团，组团级别道路形式多样，部分承担了绿化和停车功能，其次是宅间小路，可达性强，底面停车分散布置，组团是封闭式的，附有消防车道，如图 7-2 所示。

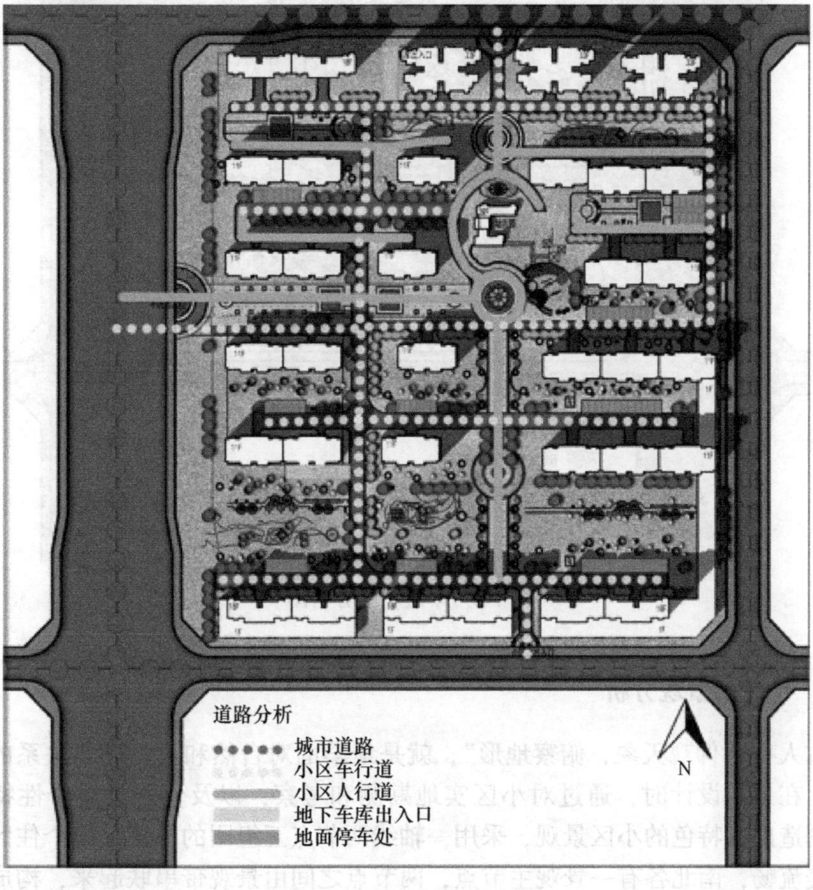

图 7-2 居住区道路分析图

7.2.2 小区的功能分析

从功能分析图可以看出，居住区南部和东部有沿街商业，东北角有三栋高层塔式住宅楼，西北角为 18 层高层住宅楼，其他主体建筑结构以中高层建筑为主，分区结构合理。上通城市下达小区、组团直至住宅内外空间，各个空间的层次有不同的尺度和形态，如图 7-3 所示。

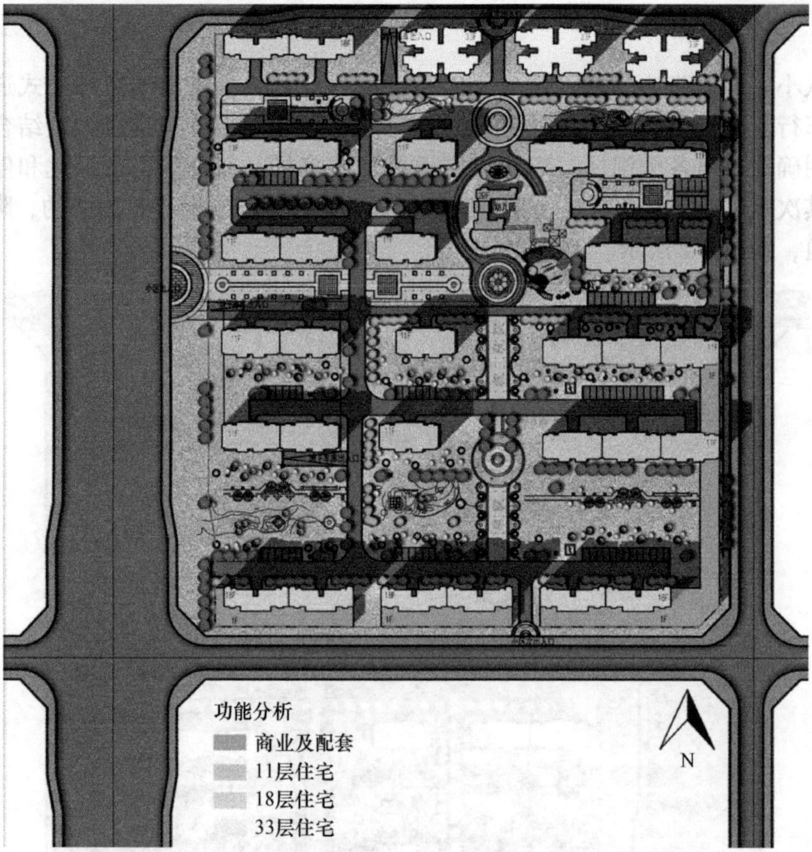

图 7-3 小区功能分析图

7.2.3 小区的景观分析

古人有“仰观天象，俯察地形”，就是最早的对自然和人为环境关系的一种认知。在景观设计时，通过对小区实地勘测和考察，以及住区景观个性特征分析，创造出有特色的小区景观，采用一轴线两节点五组团的方式，整个住区景观带优美流畅，南北各有一景观主节点，两节点之间由景观带串联起来，构成小组绿化一大亮点，此外每个组团都有景观次节点，各个节点之间视线通达，构成了一套完整的景观形象系统。

如图 7-4 所示，在室外环境的设置上，东西方向的主要景观轴线设置大面积的绿化，这是整个小区的核心所在，也是居民交往娱乐的主要场所，提高了小区的居住层次，同时也丰富了小区景观。在出入口的设置上充分考虑了人流和车流的特点，结合小区规划，小区主要的人流出入口位于居住区西边中间地带，同时也是小区的形象入口，与南北向的景观轴线相联系呼应，车流出入口也满足了消防要求。小区的景观有层次感。在户外活动中，当去远处目的地的路程一览无遗时，步行就会索然无味；但是，如果看得见目的地而又不得不绕行，则更令人扫兴和不悦。联系到实际的规划，就要求仔细地设计好步行线路。线路设计不要让步行者看到远处的目标，但又要保持大方向朝着目的地。此外，在看得见目的地时，应该遵从短捷的原则，选择最直接的线路。当步行线路位于开敞空间边缘时，步行者就可能欣赏到两边最好的景致：一侧给人以亲切、强烈和详尽感受；而另一侧则可以纵览整个开敞空间。位于开敞空间当中的线路常常既看不到细节也没有开阔的景色。对功能完善的步行系统的最重要的要求之一，就是在一定区域内的自然目的地之间按最短距离组织起人流。但是，在主要的交通规划问题解决之后，如何在网络中布置和设计每一条连线，以使整个系统具有更大的吸引力就变得非常重要了。小区在景观设置中遵循这一原则，应力求避免漫长而笔直的步行线路。蜿蜒或富于变化的道路可以使步行变得更加有趣，而且弯曲的街道比笔直的街道通常在减少风力干扰方面也有好处。

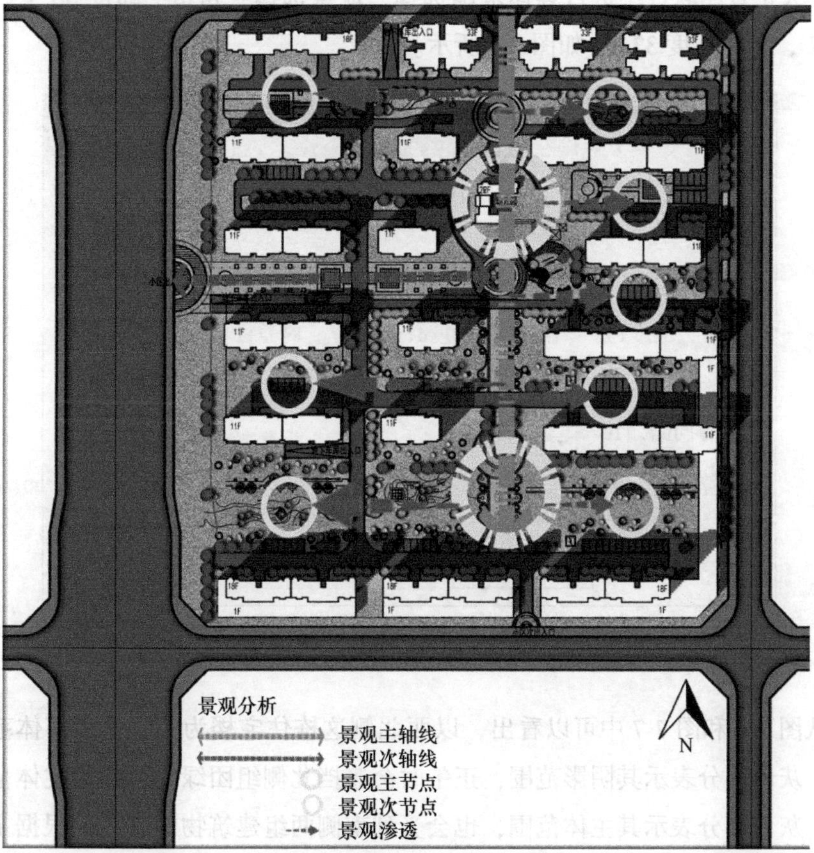

图 7-4　小区景观分析图

7.3 居住区日照模拟

利用天正日照分析软件，对该住宅区室外交往空间进行日照分析，得出分析的数据和图形，对交往空间日照策略提出改善建议。

针对该居住区交往空间的设置，确定本次交往空间日照分析的对象为：单元入口处；环境景观处，包括组团景观和中心景观。在做日照分析时应考虑地形地势以及周边环境的影响，根据国家标准、住宅建筑日照标准，应满足不小于大寒日 2 小时有效日照时间，养老用房为冬至日 2 小时标准；利用天正日照软件进行分析，得出本住宅区日常的日照结果，提出优化策略。

7.3.1 客体分析

在天正日照软件中进行客体范围选择，地点选择兰州市，纬度 36°1′，经度 103°47′，计算高度 33m，如图 7-5 所示。

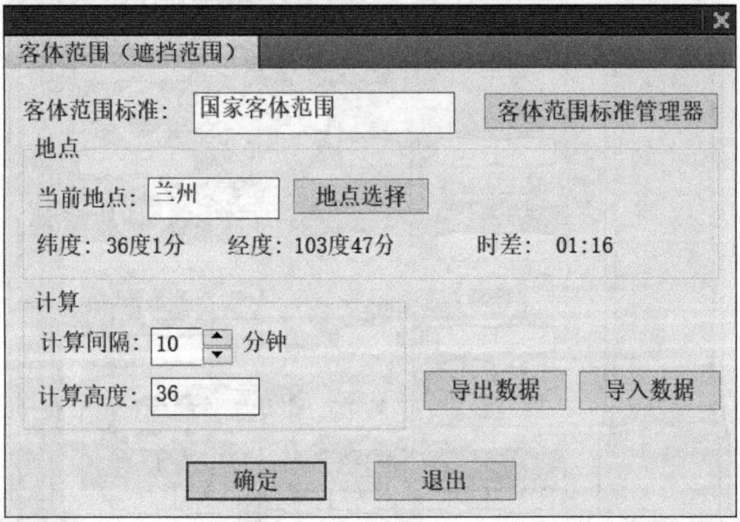

图 7-5 天正日照中客体范围选择

从图 7-6 和图 7-7 中可以看出，以西北侧这栋住宅楼为例，作为客体范围分析时，灰色部分表示其阴影范围，正午时会遮挡北侧组团绿地，作为主体范围分析时，灰色部分表示其主体范围，也会受到南侧两组建筑物的遮挡。根据主客体范围，就可以科学、合理地布置户外活动场地。

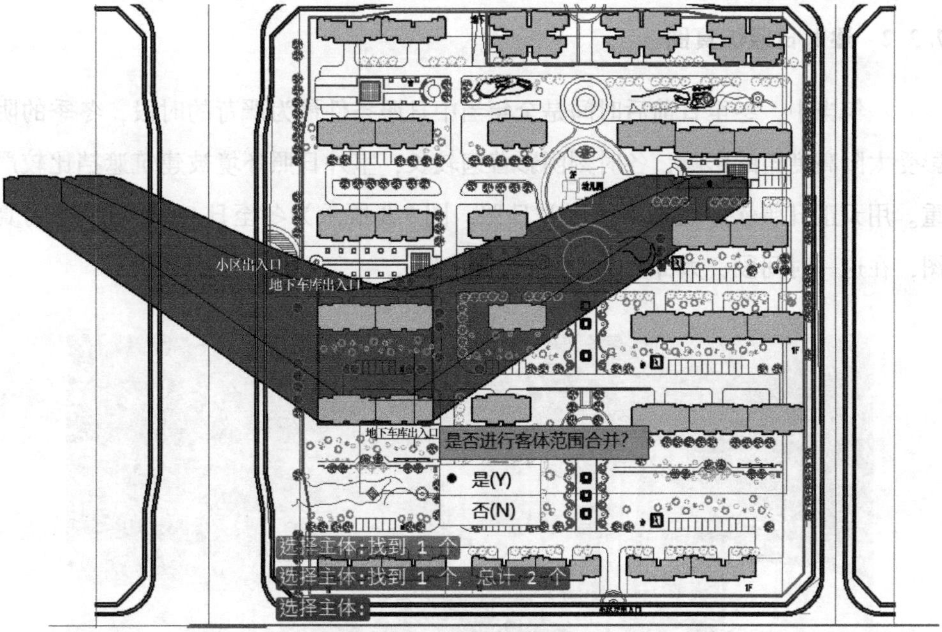

图 7-6 天正日照客体范围分析

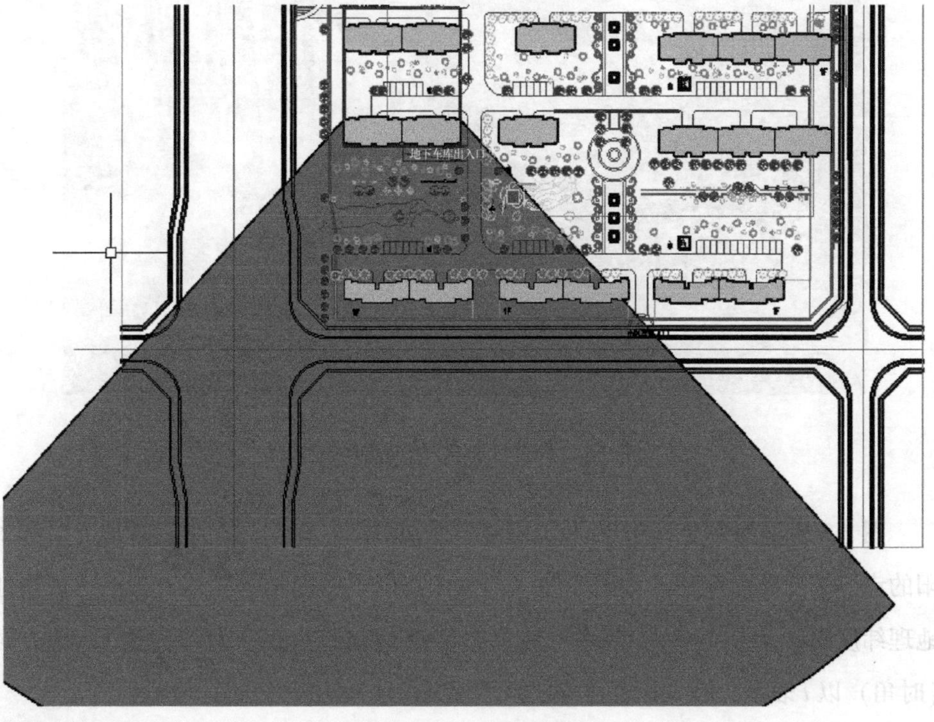

图 7-7 主体范围分析

7.3.2 逐时日照仿真图

一年当中，冬至日前后时间是全年当中日照条件最为严苛的时段，冬季的阴影受太阳高度角的影响，各时刻阴影普遍较长，室外日照环境被建筑遮挡比较严重。用天正日照软件模拟小区逐时日照，图 7-8 所示为冬至日 8:00 的日照仿真图，在这一时间段，大部分活动空间被遮挡。

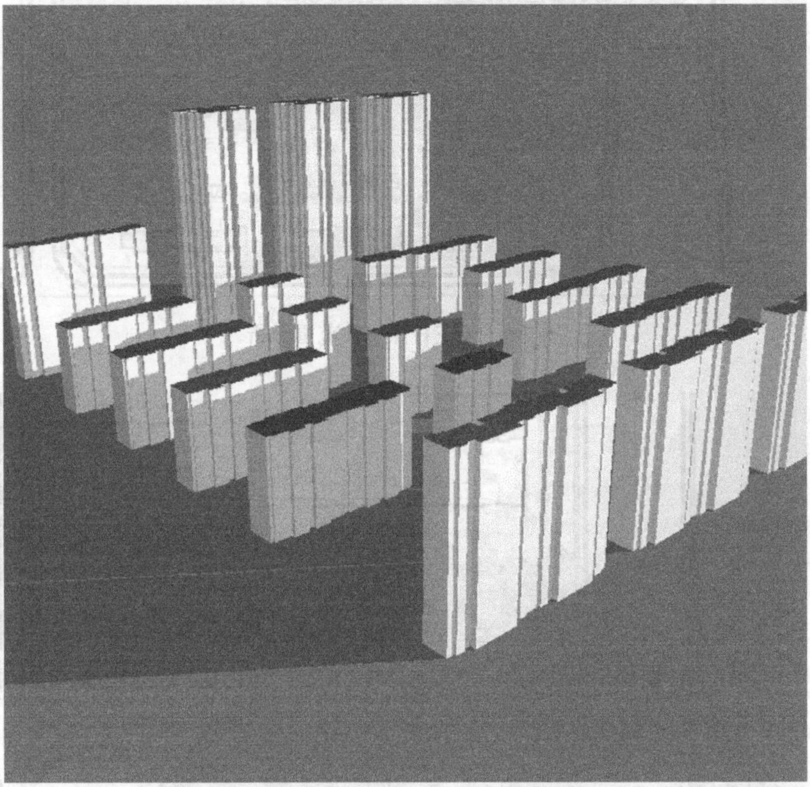

图 7-8　冬至日 8:00 的日照仿真图

图 7-9 所示为冬至日 9:00 和 10:00 日照仿真图，太阳高度角随着地方时和太阳的赤纬的变化而变化。太阳赤纬（与太阳直射点纬度相等）以 δ 表示，观测地地理纬度用 φ 表示（太阳赤纬与地理纬度都是北纬为正，南纬为负），地方时（时角）以 t 表示，有太阳高度角的计算公式：

$$\sin h = \sin\varphi\sin\delta + \cos\varphi\cos\delta\cos t$$

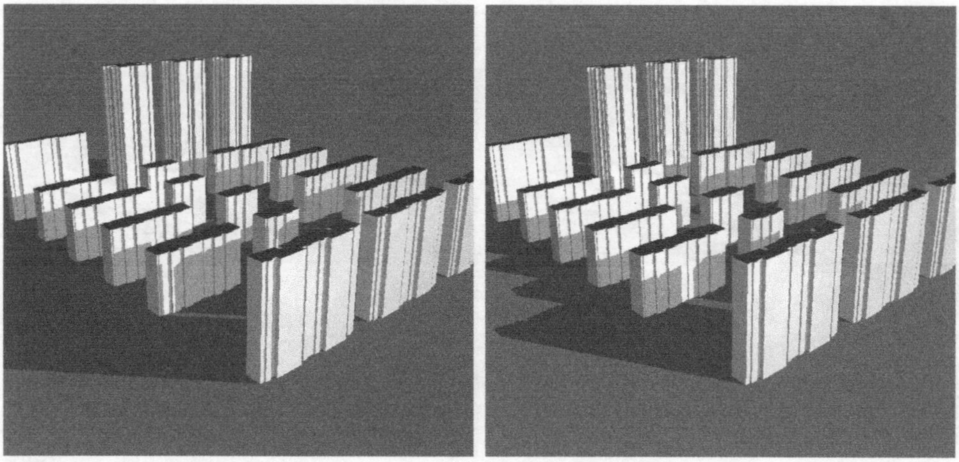

图 7-9 冬至日 9:00 和 10:00 的日照仿真图

这个时间段太阳高度角增加，部分组团绿地和中心活动场地能够得到日照。

图 7-10 所示为冬至日 10:00 和 12:00 的日照仿真图，这一时间段，太阳高度角增大，建筑阴影逐渐东移，日照较为充足。

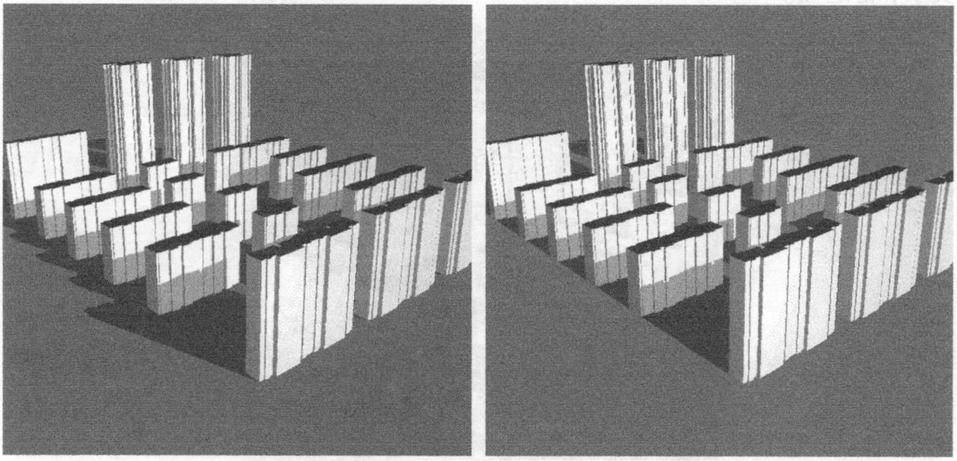

图 7-10 冬至日 10:00 和 12:00 的日照仿真图

图 7-11 所示为冬至日 12:00 和 14:00 的日照仿真图，这一时间段，小区西侧组团绿的日照充足，适合人群活动，东侧部分活动场地被建筑阴影遮挡。

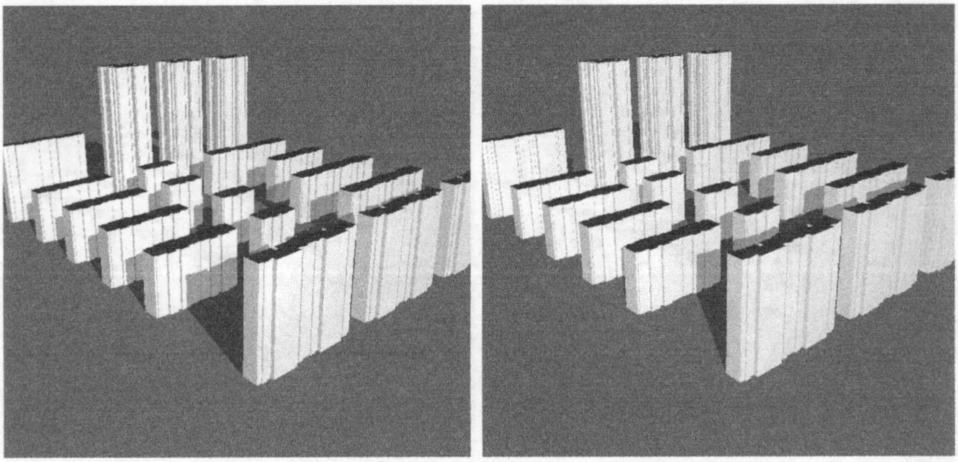

图 7-11 冬至日 12: 00 和 14: 00 的日照仿真图

图 7-12 所示为冬至日 14: 00~15: 00 的日照仿真图，在设计阶段，合理的建筑设计除了可增强室内自然通风与采光，使室内环境的舒适性得到明显的改善。也会直接影响室外风环境质量、采光、日照间距，以期提高交往环境的安全卫生要求和舒适性。

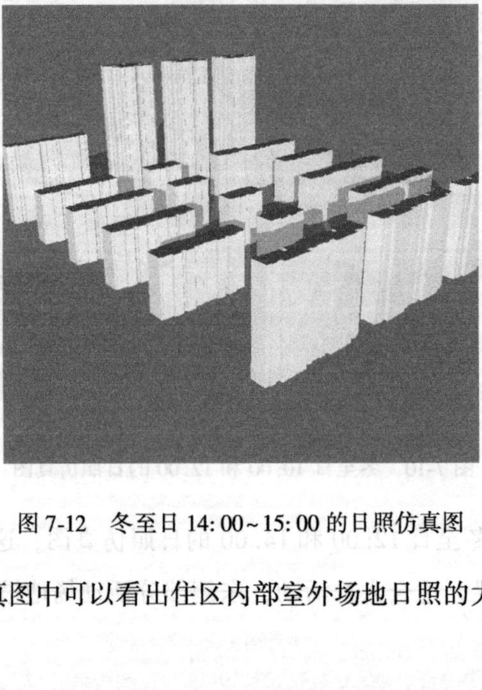

图 7-12 冬至日 14: 00~15: 00 的日照仿真图

从以上日照仿真图中可以看出住区内部室外场地日照的大体情况，不同的时间，不同的场地，日照环境也会有所不同。目前，该项目室外日照环境的存在以下问题：

（1）部分活动场地日照不满足，需要进行调整。

（2）户外活动场地没有具体赋予功能，对不同人群的使用缺少一定的针对性。

（3）针对日照过盛的场地，没有遮阳处理，缺少对植物种类的选择。

7.3.3　定点光线分析

在图 7-13 中，定点光线设置中日照标准采用国家标准，地点选择甘肃兰州，时间为 2020 年 1 月 20 日，开始时间选择 8: 00，结束时间选择 16: 00，计算间隔为 60min。不同时间的光线用不同颜色来代表，如图 7-14 所示。为了更好地测试不同交往空间定点光线情况，选择了 4 个观测点。

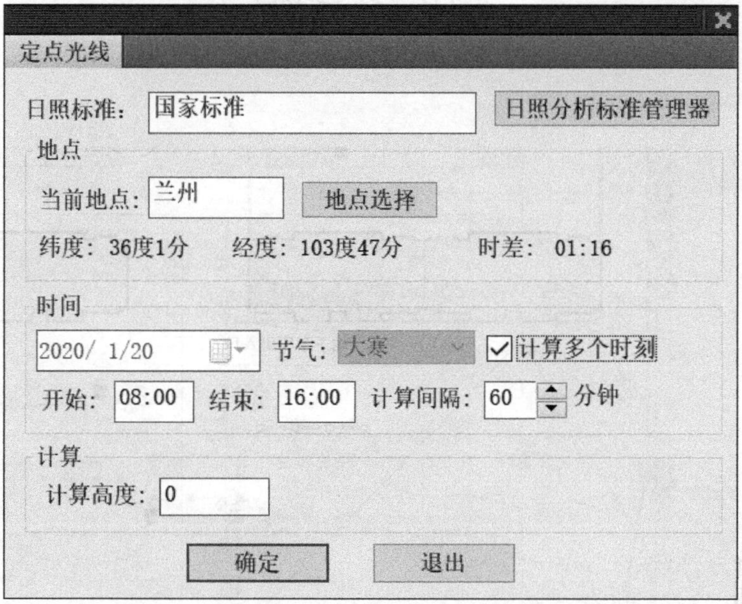

图 7-13　定点光线条件

7.3.3.1　观测点 1

图 7-15 和图 7-16 所示为小区西南角 5 号楼处（观测点 1），此处为居民单元入口，此处的遮挡物主要为南侧的高层建筑，从图中可以看出，冬季此地的阴影受到太阳高度角的影响，在测试的这一天阴影面积较大。

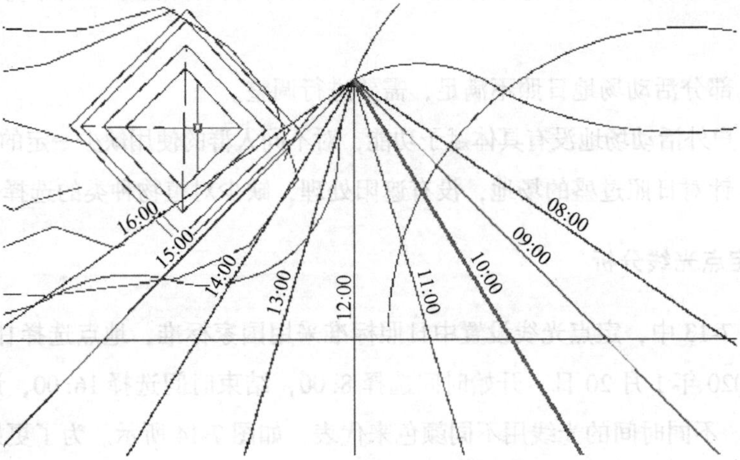

图 7-14　定点光线图例

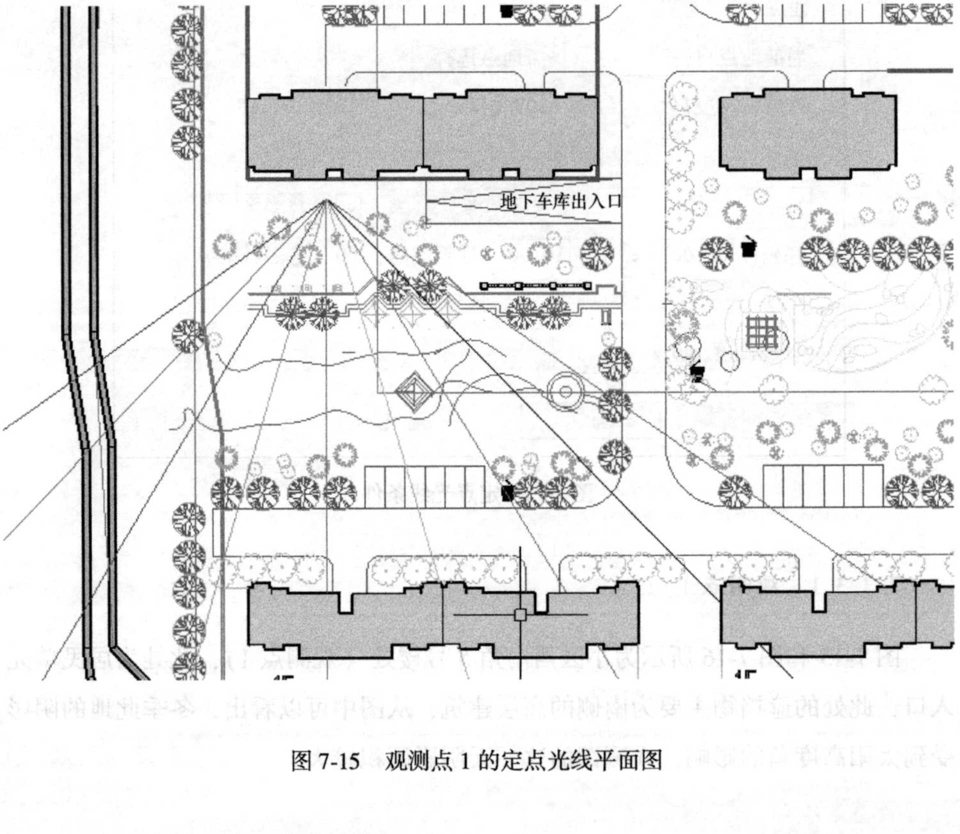

图 7-15　观测点 1 的定点光线平面图

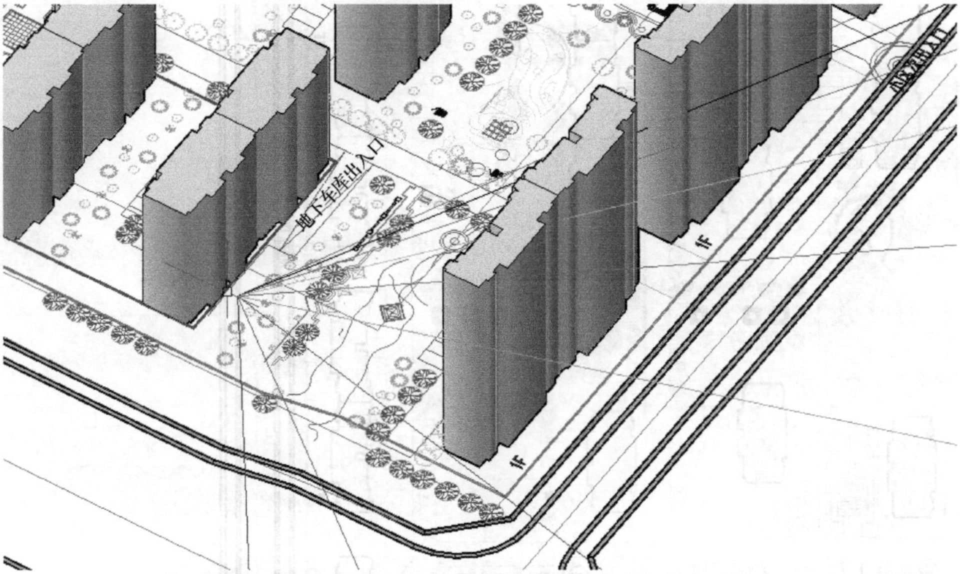

图 7-16 观测点 1 的定点光线立体图

7.3.3.2 观测点 2

观测点 2 选在小区中心景观处，这一部分为小区主要活动场地，人流量较大，南侧建筑间距较大，遮挡相对来说比较小，户外日照相对充足，在交往空间设计策略上建议增加活动器材和座椅，延长经过人群在此地的停留时间，如图 7-17 和图 7-18 所示。

7.3.3.3 观测点 3

图 7-19 和图 7-20 所示为幼儿园前广场（观测点 3），接送孩子的家长常在此聚集闲聊，南侧建筑遮挡不多，阳光可以从建筑间隙通过，在冬季建筑阴影因为太阳高度角变小，覆盖范围增大，活动场地被遮挡情况更加严重。

而冬季的阴影受太阳高度角的影响，各时刻阴影普遍较长，室外日照环境受影响较大，尤其是在下午 15:00 以后，应该科学合理布置活动场所。

7.3.3.4 观测点 4

图 7-21 和图 7-22 所示的观测点 4 为小组团中心活动场地，因为南侧建筑间距较小，从图中可以看出，冬季此地的阴影受到太阳高度角的影响，在测试的这一天阴影面积较大。

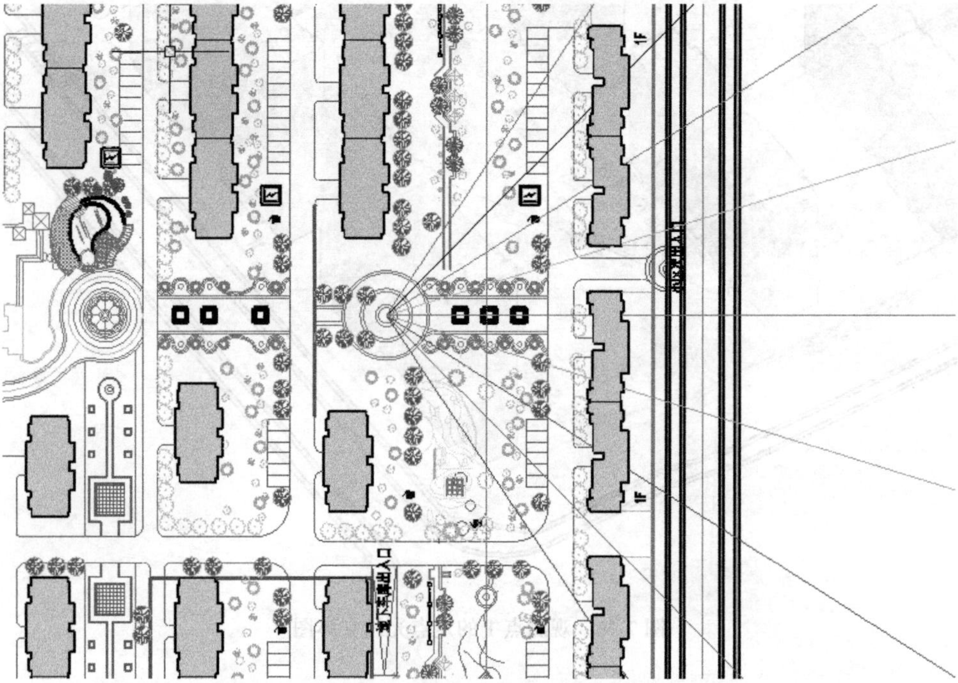

图 7-17　观测点 2 的定点光线平面图

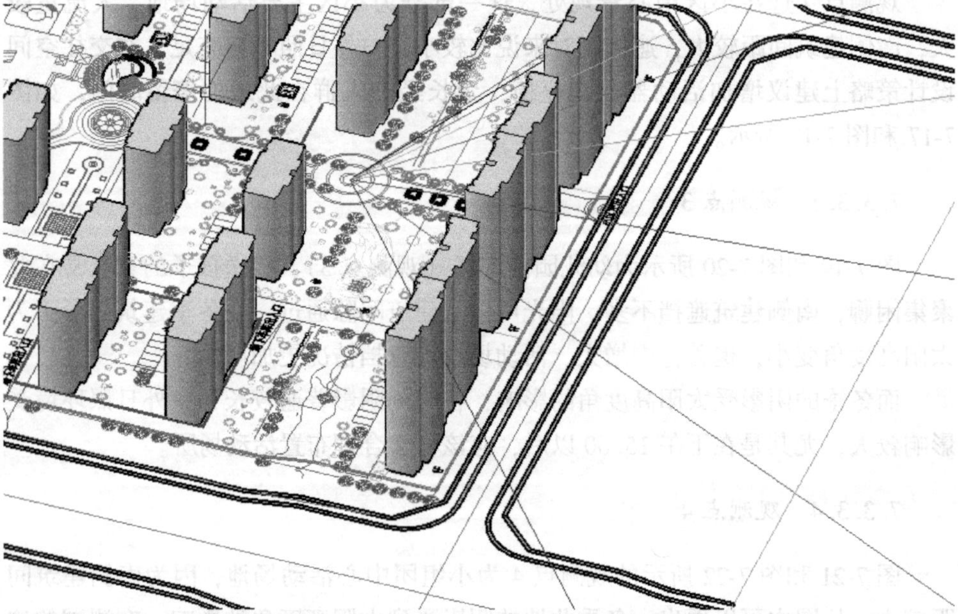

图 7-18　观测点 2 的定点光线立体图

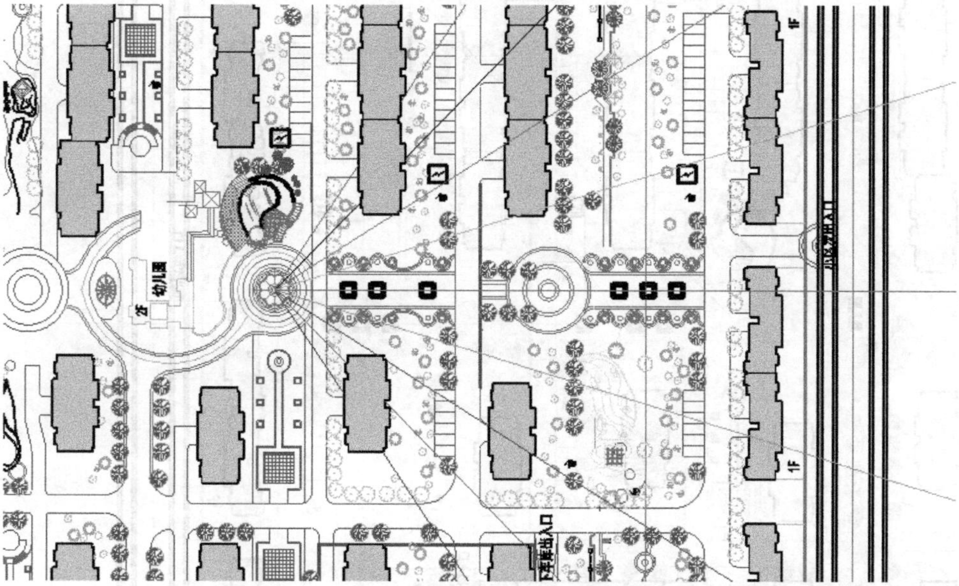

图 7-19 观测点 3 的定点光线平面图

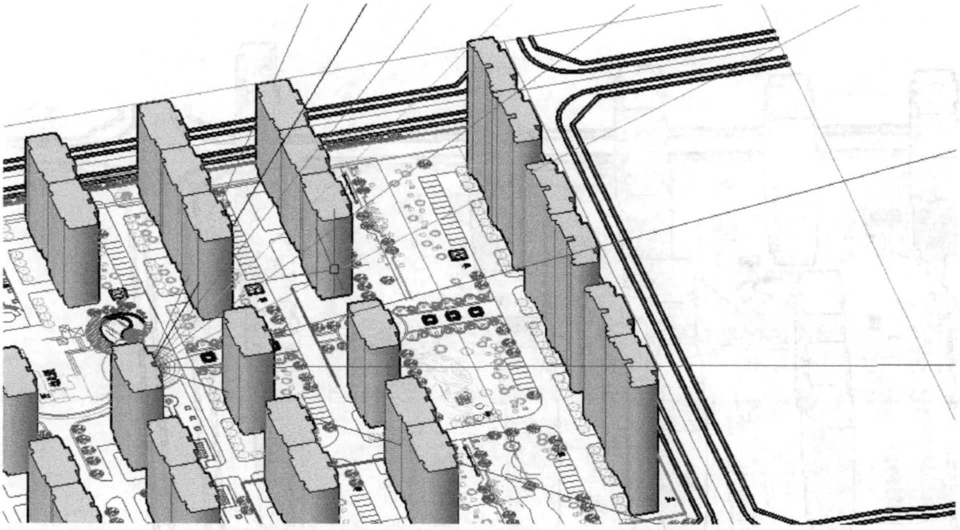

图 7-20 观测点 3 的定点光线立体图

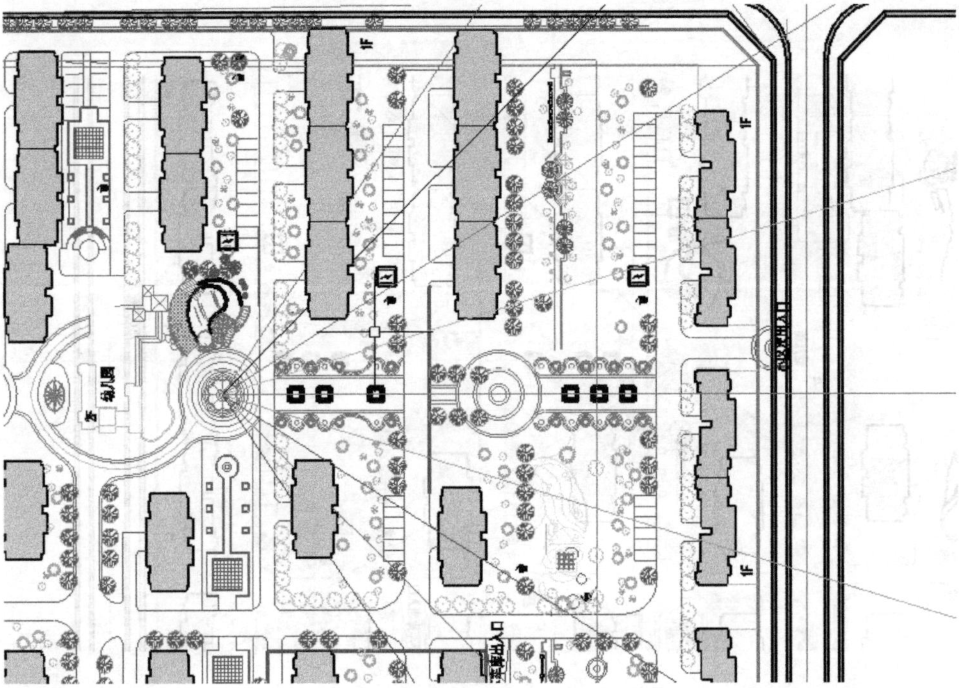

图 7-21 观测点 4 的定点光线平面图

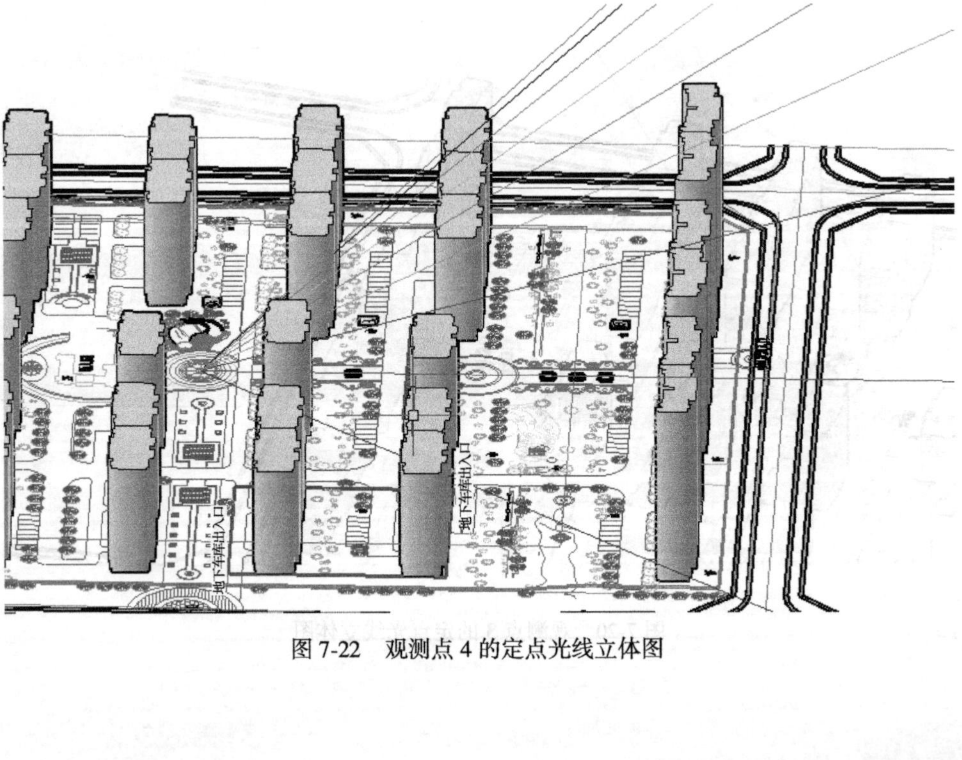

图 7-22 观测点 4 的定点光线立体图

7.3.4 光线圆锥分析

根据建筑所在位置不同，影响其日照的因素也会有所不同。在光线圆锥设置中，日照标准采用国家标准，地点选择甘肃兰州，时间选择 2020 年 1 月 20 日，开始时间 8:00，结束时间 16:00，如图 7-23 所示。

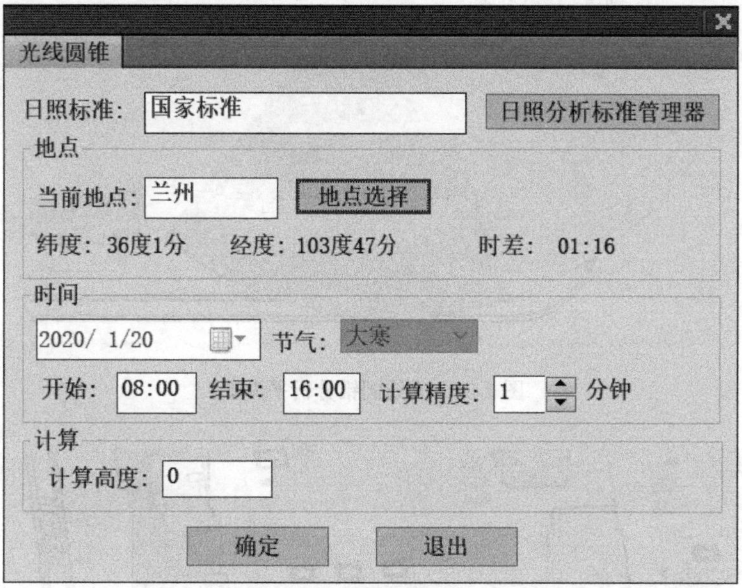

图 7-23 光线圆锥设置

考虑增大与南侧建筑 5 号楼的南北向间距，增大外夹角 α，能够起到增加日照时间的效果，另外，加大间距也可以让内夹角通过 6 号楼房顶，在遮挡建筑间隙形成光通道，让组团活动场地获得更多的日照，如图 7-24 和图 7-25 所示。

7.3.5 小区光照环境模拟

对整个居住区进行日照分析，利用建筑沿线分析功能进行光环境模拟如图 7-26 所示。从图中可以看出来，居住区户外交往空间日照的大概情况，根据时间和场地的不同，日照条件也会有所改变，总结小区户外交往空间的日照环境存在问题为：某些场地的日照条件较为理想，遮挡物少，但是利用率不足，需要在场地布置时进行调整。部分场地夏季遮阴措施不够，场地和器材处于暴晒的环境下，影响了人群的使用。植物配置上缺乏合理的规划，缺少植物种类的选择。某些场地冬季日照不足，冬天使用率不足，经过行人较少停留，需要进行调整。

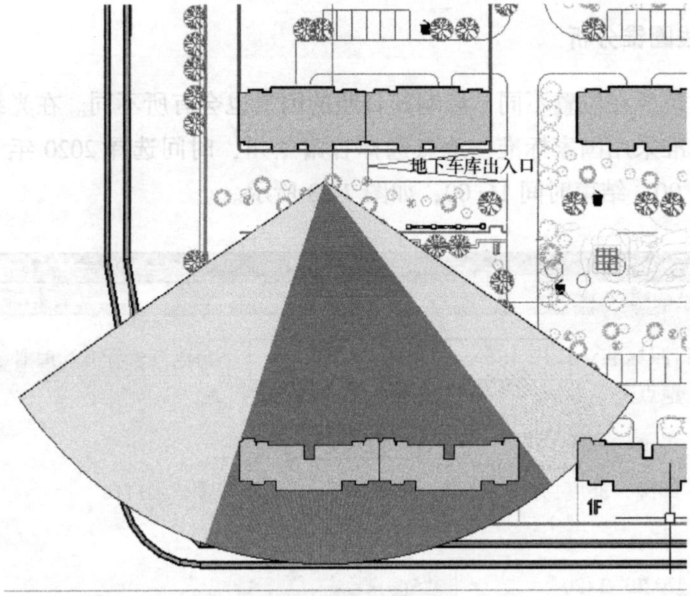

图 7-24 光线圆锥分析平面图

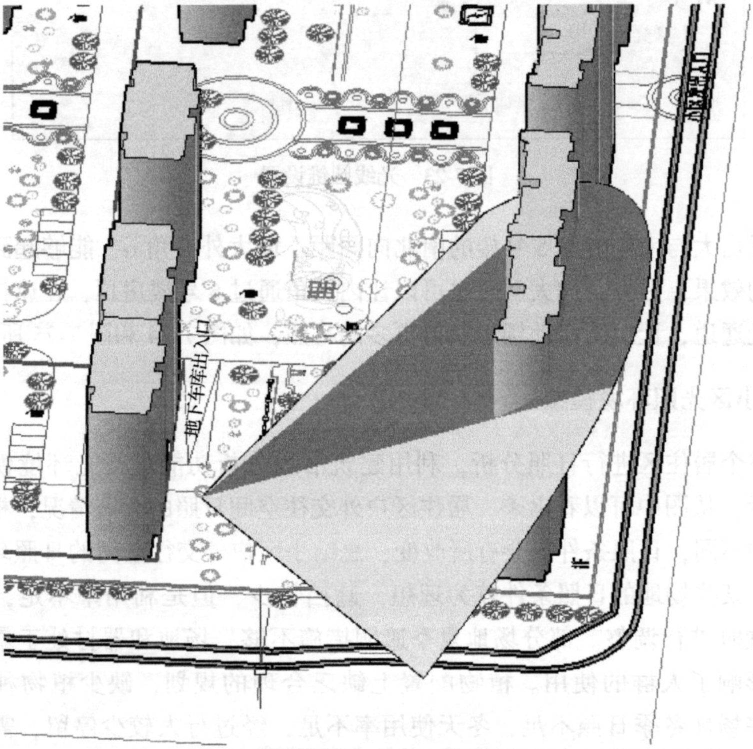

图 7-25 遮挡建筑间隙形成光通道

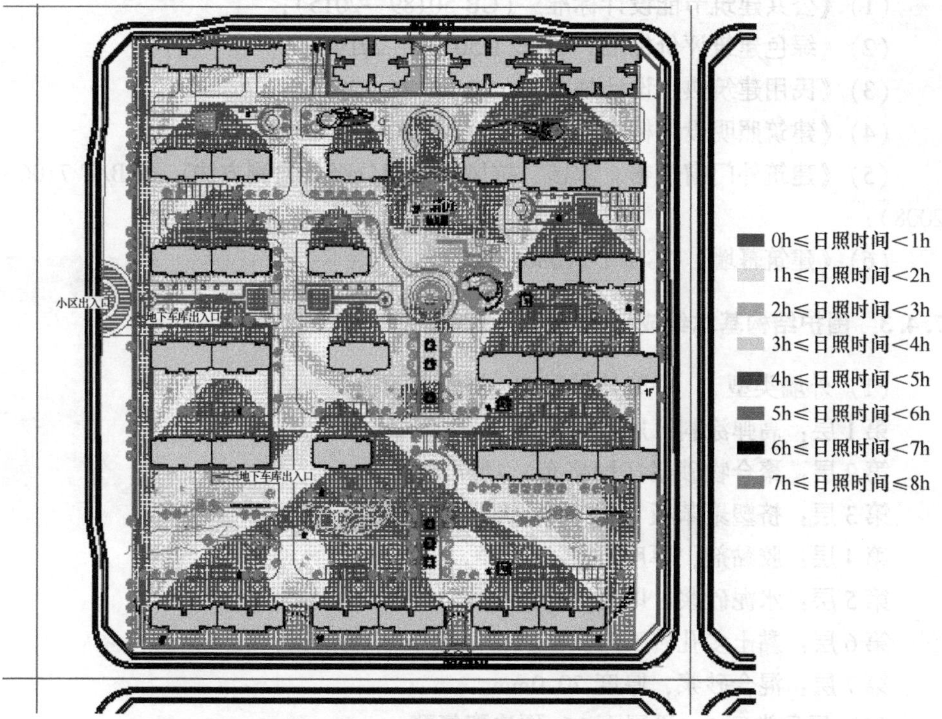

图 7-26 小区光照环境模拟

7.4 住区某住宅楼节能分析

7.4.1 建筑信息

建筑信息见表 7-1。

表 7-1 建筑信息

建筑层数	地上 20 层，地下 1 层
建筑高度	90.30m
建筑面积	地上 30656.20m^2，地下 4915.37m^2
北向角度	90.00°
体形系数	0.12

7.4.2 设计依据

设计依据的标准如下：

(1)《公共建筑节能设计标准》(GB 50189—2015);

(2)《绿色建筑评价标准》(GB/T 50378—2019);

(3)《民用建筑热工设计规范》(GB 50176—2016);

(4)《建筑照明设计标准》(GB 50034—2013);

(5)《建筑外门窗气密、水密、抗风压性能分级及检测方法》(GB/T 7106—2008);

(6)《建筑幕墙》(GB/T 21086—2007)。

7.4.3 围护结构基本组成

(1) 外墙类型 1：外墙外保温 5b_挤塑聚苯板。

第 1 层：高弹涂料，厚度 0. 0mm。

第 2 层：聚合物砂浆（网格布），厚度 3. 0mm。

第 3 层：挤塑聚苯板（XPS），厚度 30. 0mm。

第 4 层：胶黏剂，厚度 0. 0mm。

第 5 层：水泥砂浆，厚度 20. 0mm。

第 6 层：黏土多孔砖 KP1，KM1，厚度 240. 0mm。

第 7 层：混合砂浆，厚度 20. 0mm。

(2) 屋顶类型 1：平屋面 16_硬泡聚氨酯。

第 1 层：钢筋混凝土，厚度 60. 0mm。

第 2 层：空气层，厚度 200. 0mm。

第 3 层：细石混凝土（双向配筋），厚度 40. 0mm。

第 4 层：土工布或塑料膜、油毡，厚度 0. 0mm。

第 5 层：防水卷材、聚氨酯，厚度 0. 0mm。

第 6 层：水泥砂浆，厚度 20. 0mm。

第 7 层：硬泡聚氨酯，厚度 30. 0mm。

第 8 层：水泥砂浆，厚度 20. 0mm。

第 9 层：钢筋混凝土，厚度 120. 0mm。

(3) 热桥柱类型 1：混凝土保温模卡砌块。

第 1 层：混凝土保温模卡砌块，厚度 225. 0mm。

(4) 热桥梁类型 1：混凝土保温模卡砌块。

第 1 层：混凝土保温模卡砌块，厚度 225. 0mm。

(5) 地面类型 1：大理石板地面。

第 1 层：大理石，厚度 15. 0mm。

第 2 层：防水砂浆，厚度 10. 0mm。

第 3 层：水泥砂浆，厚度 30. 0mm。

第4层：钢筋混凝土，厚度 80.0mm。

（6）内墙类型1：ALC加气混凝土砌块。

第1层：水泥砂浆，厚度 20.0mm。

第2层：ALC加气混凝土砌块，厚度 160.0mm。

第3层：水泥砂浆，厚度 20.0mm。

（7）内墙类型2：外墙外保温 10a_膨胀聚苯板。

第1层：高弹涂料，厚度 0.0mm。

第2层：聚合物砂浆（网格布），厚度 3.0mm。

第3层：膨胀聚苯板，厚度 35.0mm。

第4层：胶黏剂，厚度 0.0mm。

第5层：水泥砂浆，厚度 20.0mm。

第6层：钢筋混凝土，厚度 200.0mm。

第7层：混合砂浆，厚度 20.0mm。

（8）楼板类型1：木地板楼面。

第1层：水泥砂浆，厚度 22.0mm。

第2层：橡木，枫木2，厚度 22.0mm。

第3层：木龙骨，厚度 80.0mm。

第4层：保温砂浆2，厚度 25.0mm。

第5层：钢筋混凝土，厚度 120.0mm。

第6层：水泥砂浆1，厚度 20.0mm。

（9）门类型1：多功能户门。

（10）窗类型1：塑钢窗框 LOW-E 中空玻璃（镀膜）窗。

（11）透明幕墙类型1：塑钢窗框 LOW-E 中空玻璃（镀膜）窗。

7.4.4 体形系数

体形系数见表 7-2。

表 7-2 体形系数

建筑外表面积/m^2	17788.19
建筑体积（地上）/m^3	143759.36
体形系数	0.12
标准规定	建筑类型为甲类建筑时，体形系数无限制
结论	满足要求

7.4.5 屋顶构造

屋顶构造见表 7-3。

表 7-3 屋顶构造

各层材料名称	厚度/mm	导热系数	修正系数	蓄热系数	热阻值/$m^2 \cdot K \cdot W^{-1}$	热惰性指标
钢筋混凝土	60.0	1.740	1.00	17.060	0.034	0.588
空气层	200.0	0.028	1.00	0.671	7.143	4.793
细石混凝土（双向配筋）	40.0	1.740	1.00	17.060	0.023	0.392
土工布或塑料膜、油毡	0.0	0.050	1.00	0.590	—	—
防水卷材、聚氨酯	0.0	0.050	1.00	0.590	—	—
水泥砂浆	20.0	0.930	1.00	11.310	0.022	0.243
硬泡聚氨酯	30.0	0.027	1.10	0.360	1.010	0.400
水泥砂浆	20.0	0.930	1.00	11.310	0.022	0.243
钢筋混凝土	120.0	1.740	1.00	17.060	0.069	1.177
合　计	490.0	—		—	8.323	7.836
屋顶主体部位传热阻	$R_0=R_i+\sum R+R_e=0.11+8.323+0.05=8.483$					
屋顶主体部位传热系数	$K=1/R_0=0.12$					
标准规定	建筑类型为甲类建筑，屋顶热惰性指标大于 2.5 时，屋顶传热系数应不小于 0.50					
结　论	满足要求					

7.4.6 外墙主体构造

外墙主体构造见表 7-4。

表 7-4 外墙主体构造

各层材料名称	厚度/mm	导热系数	修正系数	蓄热系数	热阻值/$m^2 \cdot K \cdot W^{-1}$	热惰性指标
高弹涂料	0.0	930.000	1.00	284.882	—	—
聚合物砂浆（网格布）	3.0	0.930	1.00	11.311	0.003	0.036
挤塑聚苯板（XPS）	30.0	0.030	1.10	0.540	0.909	0.540
胶黏剂	0.0	930.000	1.00	284.882	—	—
水泥砂浆	20.0	0.930	1.00	11.310	0.022	0.243
黏土多孔砖 KP1，KM1	240.0	0.580	1.00	7.920	0.414	3.277
混合砂浆	20.0	0.870	1.00	10.630	0.023	0.244
合　计	313.0	—	—	—	1.371	4.340
外墙主体部位传热阻	$R_0=R_i+\sum R+R_e=0.11+1.371+0.05=1.531$					
外墙主体部位传热系数	$K=1/R_0=0.65$					

7.4.7 热桥柱

热桥柱构造见表 7-5。

表 7-5 热桥柱构造

各层材料名称	厚度/mm	导热系数	修正系数	蓄热系数	热阻值 /$m^2 \cdot K \cdot W^{-1}$	热惰性指标
混凝土保温模卡砌块	225.0	0.190	1.00	2.760	1.184	3.268
合 计	225.0	—		—	1.184	3.268
热桥柱传热阻	$R_0=R_i+\sum R+R_e=0.11+1.184+0.05=1.344$					
热桥柱传热系数	$K=1/R_0=0.74$					

7.4.8 热桥梁

热桥梁构造见表 7-6。

表 7-6 热桥梁构造

各层材料名称	厚度/mm	导热系数	修正系数	蓄热系数	热阻值 /$m^2 \cdot K \cdot W^{-1}$	热惰性指标
混凝土保温模卡砌块	225.0	0.190	1.00	2.760	1.184	3.268
合 计	225.0	—		—	1.184	3.268
热桥梁传热阻	$R_0=R_i+\sum R+R_e=0.11+1.184+0.05=1.344$					
热桥梁传热系数	$K=1/R_0=0.74$					

7.4.9 外墙主断面热工参数计算

外墙主断面热工参数见表 7-7。

表 7-7 外墙主断面热工参数

参数		总体	东向	西向	南向	北向
墙主体	面积/m^2	7982.45	2099.98	2331.79	1563.43	1987.25
	百分比/%	67.33	71.11	79.32	59.63	59.49
	传热系数	0.65	0.65	0.65	0.65	0.65
柱	面积/m^2	2933.39	606.16	333.47	874.41	1119.36
	百分比/%	24.74	20.53	11.34	33.35	33.51
	传热系数	0.74	0.74	0.74	0.74	0.74

续表 7-7

参数		总体	东向	西向	南向	北向
梁	面积/m^2	939.11	247.06	274.33	183.93	233.79
	百分比/%	7.92	8.37	9.33	7.02	7.00
	传热系数	0.74	0.74	0.74	0.74	0.74
门窗过梁	面积/m^2	—	—	—	—	—
	百分比/%	—	—	—	—	—
	传热系数	—	—	—	—	—
防火隔离带	面积/m^2	—	—	—	—	—
	百分比/%	—	—	—	—	—
	传热系数	—	—	—	—	—
墙内楼板	面积/m^2	—	—	—	—	—
	百分比/%	—	—	—	—	—
	传热系数	—	—	—	—	—
外墙主断面传热系数		0.68	0.68	0.67	0.69	0.69

7.4.10 外墙平均热工参数计算

对于一般建筑，外墙平均传热系数按下式计算：

$$K = \varphi K_p$$

式中，K 为外墙平均传热系数，W/(m^2·K)；K_p 为外墙主体部位传热系数，W/(m^2·K)；φ 为外墙主体部位传热系数的修正系数。

外墙保温形式为外保温，其热工参数见表 7-8 和表 7-9。

表 7-8 外墙热工参数

参数		总体	东向	西向	南向	北向
墙	面积/m^2	11854.96	2953.20	2939.59	2621.77	3340.40
	主断面传热系数	0.68	0.68	0.67	0.69	0.69
	修正系数	—	1.10	1.10	1.10	1.10
	平均传热系数	0.75	0.75	0.74	0.76	0.76
	平均热惰性指标	3.99	4.03	4.12	3.91	3.91
外墙平均传热系数		0.75				
标准规定		建筑类型为甲类建筑，外墙平均热惰性指标>2.5 时，外墙平均传热系数应≤0.80				
结论		满足要求				

表 7-9 外墙构造

构造类型	构造名称	面积/m^2	比例	传热系数	热惰性指标
外墙	外墙外保温 5b_挤塑聚苯板	7982.45	0.67	0.65	4.34
柱	混凝土保温模卡砌块	2933.39	0.25	0.74	3.27
梁	混凝土保温模卡砌块	939.11	0.08	0.74	3.27
合 计	—	11854.96	1.00	0.68	3.99

7.4.11 外窗气密性等级

外窗气密性等级见表 7-10。

表 7-10 外窗气密性等级

围护结构	气密性等级	标 准 规 定	结论
建筑外窗（1~9 层）	6	楼层≥1 且≤9 时，建筑外窗气密性等级应≥6	满足要求
建筑外窗（10 层以上）	7	楼层≥10 时，建筑外窗气密性等级应≥7	满足要求

7.4.12 幕墙气密性等级判定

幕墙气密性等级见表 7-11。

表 7-11 幕墙气密性等级

围护结构	气密性等级	标 准 规 定	结论
透明幕墙	3	透明幕墙气密性等级应≥3	满足要求

7.4.13 窗类型

窗类型见表 7-12。

表 7-12 窗类型

类别	类 型	传热系数	遮阳系数	可见光透射比
窗	塑钢窗框 LOW-E 中空玻璃（镀膜）窗	1.900	0.830	0.8
透明幕墙	塑钢窗框 LOW-E 中空玻璃（镀膜）窗	1.900	0.830	0.8

7.4.14 外窗有效通风换气面积比

外窗有效通风换气面积比见表 7-13。

表 7-13 外窗有效通风换气面积比

窗面积/m^2	墙面积/m^2	有效通风换气面积/m^2	有效通风换气面积比	标准规定
5844.14	15305.62	929.75	0.06	甲类公共建筑外窗（包括透光幕墙）应设可开启窗扇，其有效通风换气面积不宜小于所在房间外墙面积的 10%

7.4.15 单一立面窗墙面积比

单一立面窗墙面积比见表 7-14。

表 7-14 单一立面窗墙面积比

立面编号	朝向	外窗面积/m^2	外墙面积/m^2	立面窗墙比
立面 1	东	605.42	3580.22	0.17
立面 2	南	1410.53	4059.00	0.35
立面 3	西	653.93	3610.17	0.18
立面 4	北	710.42	4056.23	0.18

7.4.16 外窗传热系数

外窗传热系数见表 7-15。

表 7-15 外窗传热系数

立面编号	朝向	立面窗墙比	传热系数	标准规定	结论
立面 1	东	0.17	1.90	建筑类型为甲类建筑，窗墙面积比≤0.20 时，外窗传热系数应≤3.50	满足要求
立面 2	南	0.35	1.90	建筑类型为甲类建筑，窗墙面积比>0.30 且≤0.40 时，外窗传热系数应≤2.60	满足要求
立面 3	西	0.18	1.90	建筑类型为甲类建筑，窗墙面积比≤0.20 时，外窗传热系数应≤3.50	满足要求
立面 4	北	0.18	1.90	建筑类型为甲类建筑，窗墙面积比≤0.20 时，外窗传热系数应≤3.50	满足要求

7.4.17 外窗太阳得热系数

外窗太阳得热系数见表7-16。

表7-16 外窗太阳得热系数

立面编号	朝向	立面窗墙比	遮阳系数	太阳得热系数	标准规定	结论
立面1	东	0.17	0.83	0.72	建筑类型为甲类建筑，朝向为东，窗墙面积比≤0.20时，外窗太阳得热系数无限制	满足要求
立面2	南	0.35	0.44	0.38	建筑类型为甲类建筑，朝向为南，窗墙面积比>0.30且≤0.40时，外窗太阳得热系数应≤0.40	满足要求
立面3	西	0.18	0.83	0.72	建筑类型为甲类建筑，朝向为西，窗墙面积比≤0.20时，外窗太阳得热系数无限制	满足要求
立面4	北	0.18	0.83	0.72	建筑类型为甲类建筑，朝向为北，窗墙面积比≤0.20时，外窗太阳得热系数无限制	满足要求

7.4.18 外窗可见光透射比

外窗可见光透射比见表7-17。

表7-17 外窗可见光透射比

立面编号	朝向	立面窗墙比	外窗可见光透射比	标准规定	结论
立面1	东	0.17	0.80	建筑类型为甲类建筑，窗墙面积比<0.40时，外窗可见光透射比应≥0.60	满足要求
立面2	南	0.35	0.80	建筑类型为甲类建筑，窗墙面积比<0.40时，外窗可见光透射比应≥0.60	满足要求
立面3	西	0.18	0.80	建筑类型为甲类建筑，窗墙面积比<0.40时，外窗可见光透射比应≥0.60	满足要求
立面4	北	0.18	0.80	建筑类型为甲类建筑，窗墙面积比<0.40时，外窗可见光透射比应≥0.60	满足要求

7.4.19 地面

地面热工参数见表 7-18。

表 7-18 地面热工参数

各层材料名称	厚度/mm	导热系数	修正系数	蓄热系数	热阻值 $/m^2 \cdot K \cdot W^{-1}$	热惰性指标
大理石	15.0	2.910	1.00	23.350	0.005	0.120
防水砂浆	10.0	0.930	1.00	11.311	0.011	0.122
水泥砂浆	30.0	0.930	1.00	11.310	0.032	0.365
钢筋混凝土	80.0	1.740	1.00	17.060	0.046	0.784
合 计	135.0	—		—	0.094	1.391
地面传热阻	0.094					
标准规定	地面热阻无限制					
结 论	满足要求					

参考文献

[1] 邵喜年．浅析小区户外环境人性化设计［J］．四川建筑，2009（S1）：38-40.
[2] 熊健．邻里型高层住宅交往空间初探［J］．新建筑，2000（2）：62-64.
[3] 夏良东．居住区交往空间规划与设计［J］．住宅科技，2007（8）：40-43.
[4] 李程．试论我国城市社区人建设［D］．南京：中共江苏省委党校，2008.
[5] 庄荣文．努力开创网络安全和信息化工作新局面［J］．网信军民融合，2019（12）：8-11.
[6] 文爱平，朱铁臻．敏于思 勤于行［J］．北京规划建设，2011（2）：174-178.
[7] 张军锐．颠覆与重构—数字交往时代的主体性研究［D］．上海：上海大学，2016.
[8] 袁正华．西安市城中村原住民安置住区户外邻里交往空间设计研究［D］．西安：西安建筑科技大学，2016.
[9] 柳学军．城市公共空间的研究［J］．科技广场，2007（1）：35-37.
[10] 周振宇．城市公共空间使用成效评价及应对策略［J］．新建筑，2005（6）：50-52.
[11] 郭恩章．高质量城市公共空间的设计对策［J］．建筑学报，1998（3）：10-12，65.
[12] 张景秋．从城市文化视角解读城市公共空间规划设计［J］．规划师，2004（12）：20-22.
[13] 仲利强．历史街区规划对传统生活方式及文化的传承保护［J］．中外建筑，2005（4）：55-57.
[14] 芦原义信．外部空间设计［M］．北京：中国建筑工业出版社，1985.
[15] C·亚历山大．建筑的永恒之道［M］．赵冰，等译．北京：知识产权出版社，1989.
[16] 胡剑峰，叶婵娟，刘洋．合肥老城区主干道西一环路绿化景观提升改造策略［J］．园林，2019（1）：54-57.
[17] 郑张盈，贺博文，张琪．浅析寒地城市特色小镇植物景观的营造——以张家口市崇礼区太子城为例［J］．居舍，2017（31）：86.
[18] 宫春洋．寒地住区冬季景观环境的营造研究［D］．吉林：吉林建筑大学，2014.
[19] 李文．基于丹麦典型案例的高校建筑交往空间研究［D］．西安：西安建筑科技大学，2016.
[20] 王致远．城市设计维度下的兰州西园回族聚居区空间更新研究［D］．西安：西安建筑科技大学，2016.
[21] 王金凤．基于高校招聘类手机 APP 界面设计研究［D］．哈尔滨：东北林业大学，2020.
[22] 叶雷振．BIM 技术对绿色住宅设计应用研究［D］．安徽：安徽建筑大学，2017.
[23] 陈晓晴．BIM 技术在钢结构设计中的应用及子结构分析方法研究［D］．天津：天津大学，2016.
[24] 许锐．建筑设计中通风采光及日照问题简议［J］．民营科技，2011（5）：277.
[25] 曹晓昕，等．当城市使人丧失尊严［J］．城市环境设计，2013（Z1）：266-269.
[26] 张玮玮．西安地区城市型既有多层住宅适老化改造研究［D］．西安：长安大学，2020.

[27] 陈晓勇．杭州市住宅建筑日照有效时间带的适用性［J］．浙江建筑，2013，30（4）：19-21，28.
[28] 隗功达．节能型铁路站房客流区域环境特性分析［D］．武汉：华中科技大学，2019.
[29] 谷爱莲．红叶桃、美人梅在乌鲁木齐的引种研究［J］．绿色科技，2014（2）：88-89.
[30] 吕晓芳．光伏系统与家庭能量需求调度优化［D］．西安：西安建筑科技大学，2019.
[31] 杨召．深圳滨河住区建筑布局对室外热环境影响研究［D］．哈尔滨：哈尔滨工业大学，2014.